Puja Acharya

Conceção de sistemas incorporados: "Aplicações de microcontroladores e mais além"

AF294735

Puja Acharya

Conceção de sistemas incorporados: "Aplicações de microcontroladores e mais além"

ScienciaScripts

Imprint

Any brand names and product names mentioned in this book are subject to trademark, brand or patent protection and are trademarks or registered trademarks of their respective holders. The use of brand names, product names, common names, trade names, product descriptions etc. even without a particular marking in this work is in no way to be construed to mean that such names may be regarded as unrestricted in respect of trademark and brand protection legislation and could thus be used by anyone.

Cover image: www.ingimage.com

This book is a translation from the original published under ISBN 978-620-7-84218-6.

Publisher:
Sciencia Scripts
is a trademark of
Dodo Books Indian Ocean Ltd. and OmniScriptum S.R.L publishing group

120 High Road, East Finchley, London, N2 9ED, United Kingdom
Str. Armeneasca 28/1, office 1, Chisinau MD-2012, Republic of Moldova, Europe
Printed at: see last page
ISBN: 978-620-7-91035-9

Conceção de sistemas incorporados: Aplicações de microcontroladores e mais além"

Um livro da

Dra. Puja Acharya

Professor assistente da

Universidade K R Mangalam

Gurugram, Haryana

Índia

Prefácio

Este livro pretende ser o seu guia completo para compreender, projetar e desenvolver aplicações com microcontroladores e sistemas incorporados. Quer seja um estudante, um amador ou um engenheiro profissional, os conceitos e os conhecimentos práticos aqui apresentados ajudá-lo-ão a navegar no empolgante domínio da tecnologia incorporada.

Os sistemas incorporados são omnipresentes na tecnologia moderna, encontrando-se em tudo, desde electrodomésticos a maquinaria industrial, sistemas automóveis, dispositivos médicos e muito mais. No centro de muitos sistemas incorporados está o microcontrolador, um dispositivo de computação compacto mas poderoso, concebido para tarefas específicas. Compreender como utilizar eficazmente os microcontroladores e conceber sistemas incorporados é essencial para qualquer pessoa envolvida no desenvolvimento tecnológico atual.

Índice

Capítulo 1: Fundamentos dos microcontroladores

1.1 Introdução aos microcontroladores

Os microcontroladores são pequenos dispositivos de computação que podem executar tarefas específicas num sistema incorporado. Fazem parte integrante de uma vasta gama de aplicações, desde electrodomésticos e sistemas automóveis a dispositivos médicos e automação industrial. Ao contrário dos computadores de uso geral, os microcontroladores são concebidos para controlar funções específicas e funcionar num ambiente restrito com recursos limitados. Este capítulo aborda os aspectos fundamentais dos microcontroladores, fornecendo uma compreensão abrangente da sua arquitetura, funcionamento e vários tipos.

1.2 Arquitetura dos microcontroladores

Um microcontrolador é composto por vários componentes-chave que trabalham em conjunto para executar as tarefas que lhe são atribuídas. Os principais componentes incluem a Unidade Central de Processamento (CPU), a memória, as portas de entrada/saída (I/O) e vários periféricos. Cada um destes componentes desempenha um papel crucial na funcionalidade do microcontrolador.

1.2.1 Unidade central de processamento (CPU)

A CPU é o cérebro do microcontrolador, responsável pela execução de instruções e pelo processamento de dados. É constituída por uma Unidade de Lógica Aritmética (ULA), uma unidade de controlo e vários registos. A ULA efectua operações aritméticas e lógicas, enquanto a unidade de controlo coordena a execução das instruções. Os registos são pequenos locais de armazenamento dentro da CPU que guardam dados e instruções temporariamente durante o processamento.

Os microcontroladores utilizam normalmente um de dois tipos principais de arquitecturas de CPU: A arquitetura Harvard e a arquitetura von Neumann. Na arquitetura Harvard, a memória de instruções e a memória de dados estão separadas, permitindo o acesso simultâneo a ambas, o que pode acelerar o processamento. Na arquitetura von Neumann, é utilizado um único espaço de memória para instruções e dados, o que simplifica a conceção mas pode tornar a execução mais lenta.

1.2.2 Memória

A memória num microcontrolador divide-se em três tipos principais: Memória só de leitura (ROM), memória de acesso aleatório (RAM) e memória só de leitura programável e apagável eletricamente (EEPROM).

- **Memória ROM (Read-Only Memory)**: A ROM armazena o firmware ou o código de programa que o microcontrolador executa. Esta memória é não volátil, o que significa que mantém o seu conteúdo mesmo quando a alimentação é desligada. As variantes da ROM incluem a ROM mascarada, a PROM, a EPROM e a memória Flash, sendo a Flash a mais utilizada nos microcontroladores modernos devido à sua reprogramabilidade.

- **Memória de acesso aleatório (RAM)**: A RAM é utilizada para o armazenamento temporário de dados de que o microcontrolador necessita durante a execução. É uma memória volátil, o que significa que perde o seu conteúdo quando se perde a alimentação. A RAM é utilizada para variáveis, operações de pilha e processamento de dados intermédios.

- **Memória só de leitura programável apagável eletricamente (EEPROM)**: A EEPROM é uma memória não volátil utilizada para armazenar dados que têm de ser preservados ao longo dos ciclos de alimentação. É utilizada para parâmetros, dados de calibração e outras informações que têm de ser mantidas entre reinicializações.

1.2.3 Portas de entrada/saída (E/S)

As portas de E/S permitem que um microcontrolador interaja com dispositivos externos. Estas portas podem ser configuradas como entrada ou saída, permitindo ao microcontrolador receber sinais de sensores, interruptores e outros dispositivos de entrada ou enviar sinais para LEDs, motores, ecrãs e outros dispositivos de saída.[1] As portas E/S estão normalmente organizadas em grupos chamados portas, sendo cada porta constituída por vários pinos.

1.2.4 Periféricos

Os microcontroladores incluem frequentemente vários periféricos integrados para melhorar a sua funcionalidade. Os periféricos comuns incluem temporizadores, contadores, conversores analógico-digitais (ADC), conversores digital-analógicos (DAC), módulos de comunicação (como UART, SPI, I2C) e módulos de modulação por largura de impulso (PWM). Estes periféricos reduzem a necessidade de componentes externos e simplificam a conceção de sistemas incorporados.

1.3 Famílias de microcontroladores

Os microcontroladores existem em diferentes famílias, cada uma com a sua arquitetura, características e aplicações únicas. Algumas das famílias de microcontroladores mais populares incluem AVR, PIC, ARM e 8051. Compreender as características e diferenças entre estas famílias é essencial para selecionar o microcontrolador certo para uma aplicação específica.

1.3.1 Microcontroladores AVR

Os microcontroladores AVR, desenvolvidos pela Atmel (atualmente parte da Microchip Technology), são conhecidos pela sua facilidade de utilização e desempenho. Baseiam-se na arquitetura Harvard modificada, que permite o acesso separado à memória de programa e à memória de dados. Os microcontroladores AVR são populares em ambientes amadores e educacionais, particularmente com o surgimento da plataforma Arduino, que utiliza microcontroladores AVR.

As principais características dos microcontroladores AVR incluem

- Arquitetura RISC de 8 ou 32 bits
- Conjunto de instruções eficiente
- Vasta gama de periféricos integrados
- Capacidade de programação no sistema

1.3.2 Microcontroladores PIC

Os microcontroladores PIC, desenvolvidos pela Microchip Technology, são amplamente utilizados em aplicações industriais e comerciais. São conhecidos pela sua fiabilidade, flexibilidade e baixo consumo de energia. Os microcontroladores PIC baseiam-se na arquitetura Harvard e estão disponíveis em várias séries, incluindo a série de base, a série de gama média e a série de gama média melhorada, cada uma oferecendo diferentes níveis de desempenho e características.

As principais características dos microcontroladores PIC incluem

- Arquitetura de 8 bits, 16 bits ou 32 bits
- Vasta gama de periféricos integrados
- Modos de baixo consumo de energia
- Ampla gama de tensões de funcionamento

1.3.3 Microcontroladores ARM

Os microcontroladores ARM, baseados na arquitetura ARM desenvolvida pela ARM Holdings, estão entre os microcontroladores mais potentes e versáteis disponíveis. São utilizados numa vasta gama de aplicações, desde a eletrónica de consumo aos sistemas automóveis. Os microcontroladores ARM estão disponíveis em vários núcleos, incluindo a série Cortex-M, que foi especificamente concebida para sistemas incorporados.

As principais características dos microcontroladores ARM incluem

- Arquitetura RISC de 32 ou 64 bits
- Elevado desempenho e eficiência
- Extensivo ecossistema e ferramentas de desenvolvimento
- Vasta gama de periféricos integrados

1.3.4 Microcontroladores 8051

O microcontrolador 8051, originalmente desenvolvido pela Intel, é um dos microcontroladores mais antigos e mais utilizados. Apesar da sua idade, continua a ser popular em várias aplicações devido à sua simplicidade, robustez e disponibilidade generalizada. A arquitetura do 8051 foi adoptada e melhorada por vários fabricantes, dando origem a uma gama diversificada de microcontroladores compatíveis.

As principais características dos microcontroladores 8051 incluem

- Arquitetura de 8 bits
- Arquitetura Harvard com código e memória de dados separados
- Rico conjunto de instruções
- Múltiplas fontes de suporte a interrupções

1.4 Funcionamento do microcontrolador

Os microcontroladores funcionam através da execução de uma série de instruções armazenadas na sua memória de programa. Estas instruções definem as tarefas que o microcontrolador deve executar, como a leitura de entradas, o processamento de dados e o controlo de saídas. Para compreender o funcionamento básico de um microcontrolador, é necessário analisar o ciclo de instruções, o ciclo de busca-execução e o conceito de interrupções.

1.4.1 Ciclo de instrução

O ciclo de instruções é o processo pelo qual um microcontrolador vai buscar, descodifica e executa uma instrução. Cada ciclo de instrução é composto por várias fases:

1. **Busca**: O microcontrolador vai buscar a instrução seguinte à memória de programação.
2. **Descodificação**: A instrução obtida é descodificada para determinar a ação necessária.
3. **Executar**: O microcontrolador executa a ação necessária, que pode envolver operações aritméticas ou lógicas, transferência de dados ou interação com periféricos.

1.4.2 Ciclo de busca-execução

O ciclo de busca-execução é um ciclo contínuo que o microcontrolador executa enquanto estiver ligado. Este ciclo assegura que o microcontrolador processa continuamente as instruções e responde a alterações nas entradas. O ciclo fetch-execute pode ser interrompido por eventos externos, como um pedido de interrupção, que desvia temporariamente o microcontrolador da sua tarefa atual para tratar o evento.

1.4.3 Interrupções

As interrupções são sinais que interrompem temporariamente a execução normal de um programa para permitir que o microcontrolador responda a um evento urgente. As interrupções podem ser geradas por dispositivos externos, como sensores ou módulos de comunicação, ou por eventos internos, como temporizadores. Quando ocorre uma interrupção, o microcontrolador guarda o seu estado atual, executa uma rotina de serviço de interrupção (ISR) para tratar o evento e, em seguida, retoma a execução normal.

As interrupções são classificadas em dois tipos principais:

- **Interrupções externas**: Geradas por dispositivos ou eventos externos.
- **Interrupções internas**: Geradas por periféricos internos, como temporizadores ou ADCs.

As interrupções aumentam a capacidade de resposta e a eficiência de um microcontrolador, permitindo-lhe lidar com várias tarefas e responder rapidamente a eventos em tempo real.

1.5 Programação de microcontroladores

A programação de um microcontrolador envolve a escrita de código que define o seu comportamento. O código é normalmente escrito numa linguagem de alto nível, como C ou C++, ou em linguagem assembly, que fornece controlo direto sobre o hardware. O processo de programação de um microcontrolador inclui a configuração do ambiente de desenvolvimento, a escrita e compilação do código e o carregamento do código para o microcontrolador.

1.5.1 Ambiente de desenvolvimento

O ambiente de desenvolvimento para a programação de microcontroladores é constituído por um editor de texto, um compilador e uma ferramenta de programação. Os ambientes de desenvolvimento integrado (IDE), como o Arduino IDE, o MPLAB X e o Keil MDK-ARM, fornecem uma interface unificada para escrever, compilar e depurar código.

1.5.2 Escrever e compilar código

A escrita de código para um microcontrolador envolve a definição das tarefas que este tem de executar, a configuração de periféricos e o tratamento de entradas e saídas. O código é escrito numa linguagem de alto nível ou numa linguagem de montagem e depois compilado em código de máquina que o microcontrolador pode executar. O compilador traduz o código legível por humanos em instruções binárias que são específicas da arquitetura do microcontrolador.

1.5.3 Carregamento de código para o microcontrolador

Depois de compilado, o código tem de ser carregado na memória de programação do microcontrolador. Este processo é conhecido como programação ou flashing. São utilizadas várias ferramentas e métodos de programação para carregar o código, incluindo a programação no sistema (ISP), o grupo de ação de teste conjunto (JTAG) e o carregador de arranque em série[2]. A escolha do método de programação depende do microcontrolador e da configuração do desenvolvimento.

1.6 Interface de microcontroladores com dispositivos externos

Os microcontroladores interagem com dispositivos externos através das suas portas de E/S e periféricos integrados. As técnicas de interface permitem que o microcontrolador comunique com sensores, actuadores, ecrãs e outros dispositivos, permitindo-lhe controlar e monitorizar o mundo físico.

1.6.1 Entrada/Saída de uso geral (GPIO)

Os pinos GPIO são a forma mais básica de interface. Podem ser configurados como pinos de entrada ou saída, permitindo ao microcontrolador ler sinais de dispositivos externos ou enviar sinais para os controlar. Por exemplo, um pino GPIO pode ser utilizado para ler o estado de um botão ou para ligar ou desligar um LED.

1.6.2 Conversores Analógico-Digitais (ADC)

Os ADCs permitem que o microcontrolador converta sinais analógicos de sensores em valores digitais que podem ser processados. Por exemplo, um ADC pode ser utilizado para ler a tensão de um sensor de temperatura e convertê-la num valor digital que representa a temperatura.

1.6.3 Conversores Digital-Analógicos (DAC)

Os DACs desempenham a função oposta dos ADCs, convertendo valores digitais em sinais analógicos. Os DACs são utilizados em aplicações em que o microcontrolador precisa de gerar sinais analógicos, como o controlo da velocidade de um motor ou a geração de sinais de áudio.

1.6.4 Protocolos de comunicação

Os microcontroladores necessitam frequentemente de comunicar com outros dispositivos, tais como outros microcontroladores, sensores ou computadores. Vários protocolos de comunicação facilitam esta interação, incluindo:

- **Recetor/Transmissor Assíncrono Universal (UART)**: Um protocolo de comunicação em série utilizado para comunicação simples, ponto-a-ponto.
- **Interface periférica de série (SPI)**: Um protocolo de comunicação de alta velocidade utilizado para comunicação de curta distância entre microcontroladores e periféricos.
- **Circuito Interintegrado (I2C)**: Um protocolo de comunicação multi-mestre e multi-slave utilizado para a comunicação entre circuitos integrados na mesma placa.

1.7 Aplicações de microcontroladores

Os microcontroladores são utilizados numa vasta gama de aplicações em vários sectores.

A sua capacidade de controlar e monitorizar processos torna-os componentes essenciais em muitos sistemas.

1.7.1 Aplicações automóveis

Os microcontroladores são amplamente utilizados em sistemas automóveis para controlo do motor, sistemas de travagem anti-bloqueio (ABS), acionamento de airbags e sistemas de informação e lazer. Fornecem as capacidades de controlo e processamento necessárias para garantir o funcionamento seguro e eficiente dos veículos.

1.7.2 Eletrónica de consumo

Na eletrónica de consumo, os microcontroladores são utilizados em dispositivos como smartphones, televisores, câmaras e electrodomésticos. Controlam funções como interfaces de utilizador, gestão de energia e conetividade, melhorando a funcionalidade e a experiência do utilizador destes dispositivos.

1.7.3 Automação industrial

Os microcontroladores desempenham um papel crucial na automação industrial, controlando máquinas, monitorizando processos e garantindo a segurança. São utilizados em controladores lógicos programáveis (PLCs), sistemas robóticos e processos de fabrico automatizados.

1.7.4 Dispositivos médicos

I No domínio da medicina, os microcontroladores são utilizados em dispositivos como pacemakers, monitores de glucose no sangue e equipamento de diagnóstico. Proporcionam a precisão e a fiabilidade necessárias para monitorizar e controlar condições e tratamentos médicos.

1.7.5 Aplicações IoT

A Internet das Coisas (IoT) depende fortemente dos microcontroladores para ligar e controlar vários dispositivos. Os microcontroladores permitem que os dispositivos IoT recolham dados, comuniquem com outros dispositivos e executem tarefas de forma autónoma, o que os torna parte integrante das casas inteligentes, da tecnologia wearable e das aplicações IoT industriais.

1.8 Conclusão

Os microcontroladores são a espinha dorsal dos sistemas incorporados, fornecendo a inteligência e o controlo necessários para uma vasta gama de aplicações. Compreender os fundamentos dos microcontroladores, incluindo a sua arquitetura, funcionamento e programação, é essencial para qualquer pessoa envolvida na conceção e desenvolvimento de sistemas incorporados. Este capítulo lançou as bases para a exploração de tópicos mais avançados e aplicações práticas de microcontroladores nos capítulos seguintes.

Capítulo 2: Visão geral dos sistemas incorporados

2.1 Introdução aos sistemas incorporados

Os sistemas incorporados são sistemas informáticos especializados concebidos para desempenhar funções ou tarefas específicas em sistemas de maior dimensão. Ao contrário dos computadores de uso geral, que são concebidos para uma vasta gama de aplicações, os sistemas embebidos são adaptados a funções específicas, muitas vezes com restrições ao consumo de energia, desempenho em tempo real e fiabilidade. Este capítulo apresenta uma visão global dos sistemas embebidos, explorando as suas características, componentes, considerações de conceção e aplicações.

2.2 Características dos sistemas incorporados

Os sistemas incorporados têm várias características distintivas que os diferenciam dos sistemas informáticos de uso geral. Compreender estas características é crucial para conceber soluções incorporadas eficientes e eficazes.

2.2.1 Funcionalidade dedicada

Os sistemas incorporados são concebidos para executar tarefas ou funções específicas, muitas vezes no âmbito de um sistema maior. Por exemplo, o controlador de uma máquina de lavar roupa é um sistema incorporado que gere os ciclos de lavagem, os níveis de água e a temperatura.

2.2.2 Funcionamento em tempo real

Muitos sistemas incorporados funcionam em ambientes de tempo real, onde as respostas atempadas e previsíveis aos eventos são fundamentais. Os sistemas em tempo real são classificados em duas categorias: sistemas em tempo real rígidos e sistemas em tempo real flexíveis. Os sistemas de tempo real rígido têm prazos rigorosos que devem ser cumpridos para evitar consequências catastróficas, como nos sistemas de airbags para automóveis. Os sistemas em tempo real suaves têm requisitos de temporização mais flexíveis, em que as falhas ocasionais de prazos são toleráveis, como nas aplicações de fluxo contínuo de vídeo.

2.2.3 Restrições de recursos

Os sistemas incorporados funcionam frequentemente com recursos limitados, incluindo capacidade de processamento, memória e energia. Os projectistas devem gerir cuidadosamente estas restrições para garantir que o sistema cumpre os seus requisitos de desempenho sem exceder os recursos disponíveis. Por exemplo, um nó sensor alimentado por bateria numa rede IoT deve minimizar o consumo de energia para prolongar a vida útil da bateria.

2.2.4 Fiabilidade e estabilidade

Os sistemas incorporados têm normalmente de funcionar de forma contínua e fiável durante períodos prolongados, muitas vezes em ambientes difíceis ou exigentes. É fundamental garantir a fiabilidade e a estabilidade dos sistemas incorporados, pois as falhas podem ter consequências significativas. Por exemplo, um sistema incorporado num dispositivo médico tem de funcionar corretamente para garantir a segurança dos doentes.

2.2.5 Integração e interface

Os sistemas incorporados têm frequentemente de estabelecer uma interface com vários dispositivos externos, como sensores, actuadores, ecrãs e módulos de comunicação. As capacidades de integração e interface são essenciais para que os sistemas incorporados interajam eficazmente com o ambiente que os rodeia. Por exemplo, um sistema de domótica tem de interagir com interruptores de luz, termóstatos e câmaras de segurança.

2.3 Componentes de sistemas incorporados

Os sistemas incorporados são compostos por vários componentes-chave que trabalham em conjunto para realizar as tarefas que lhes são atribuídas. Compreender estes componentes e as suas interacções é essencial para conceber e implementar sistemas incorporados.

2.3.1 Microcontrolador ou microprocessador

O núcleo de um sistema incorporado é normalmente um microcontrolador (MCU) ou microprocessador (MPU), que funciona como unidade central de processamento (CPU).

A escolha entre um microcontrolador e um microprocessador depende dos requisitos da aplicação.

- **Microcontrolador (MCU)**: Um microcontrolador é um circuito integrado que inclui uma CPU, memória e periféricos num único chip. Os MCUs são ideais para aplicações que requerem funcionalidade integrada, baixo consumo de energia e desempenho em tempo real. São normalmente utilizados em eletrónica de consumo, sistemas automóveis e automação industrial.
- **Microprocessador (MPU)**: Um microprocessador é uma CPU sem memória e periféricos integrados, frequentemente utilizada em aplicações mais complexas e de desempenho intensivo. As MPU requerem componentes externos para a memória e os periféricos, proporcionando maior flexibilidade e capacidade de processamento. [4] São normalmente utilizadas em smartphones, tablets e outros sistemas de elevado desempenho.

2.3.2 Memória

A memória num sistema incorporado é utilizada para armazenar código de programa e dados. Normalmente, divide-se em três tipos principais:

- **Memória ROM (Read-Only Memory)**: A ROM armazena o firmware ou o código de programa que o sistema incorporado executa. É não volátil, mantendo o seu conteúdo mesmo quando a alimentação é desligada. As variantes da ROM incluem a ROM mascarada, PROM, EPROM e memória Flash.
- **Memória de acesso aleatório (RAM)**: A RAM é utilizada para armazenamento temporário de dados de que o sistema incorporado necessita durante a execução. É uma memória volátil, o que significa que perde o seu conteúdo quando se perde a alimentação. A RAM é utilizada para variáveis, operações de pilha e processamento de dados intermédios.
- **Memória só de leitura programável apagável eletricamente (EEPROM)**: A EEPROM é uma memória não volátil utilizada para armazenar dados que têm de ser preservados ao longo dos ciclos de alimentação. É utilizada para parâmetros, dados de calibração e outras informações que têm de ser mantidas entre reinicializações.

2.3.3 Interfaces de entrada/saída (E/S)

As interfaces de E/S permitem que o sistema incorporado interaja com dispositivos externos e com o ambiente. Estas interfaces podem ser digitais ou analógicas e são utilizadas para ligar sensores, actuadores, ecrãs e módulos de comunicação.

- **E/S digitais**: As interfaces de E/S digitais permitem que o sistema incorporado leia ou controle sinais digitais, como interruptores, LEDs e sensores digitais.

- **E/S analógica**: As interfaces de E/S analógicas permitem que o sistema incorporado leia ou gere sinais analógicos, como sensores de temperatura, potenciómetros e actuadores analógicos.
- **Interfaces de comunicação**: As interfaces de comunicação, como UART, SPI, I2C e CAN, permitem que o sistema incorporado comunique com outros dispositivos, microcontroladores ou redes.

2.3.4 Fonte de alimentação

A fonte de alimentação fornece a energia eléctrica necessária para o funcionamento do sistema incorporado. A gestão da energia é um aspeto crítico da conceção de sistemas incorporados, especialmente para dispositivos alimentados por bateria. Técnicas eficientes de gestão de energia, como modos de suspensão e componentes de baixo consumo, ajudam a prolongar a vida útil da bateria e a reduzir o consumo de energia.

2.3.5 Sensores e Actuadores

Os sensores e os actuadores são componentes-chave que permitem que o sistema incorporado interaja com o mundo físico.

- **Sensores**: Os sensores detectam fenómenos físicos, como a temperatura, a pressão, a luz e o movimento, e convertem-nos em sinais eléctricos que o sistema incorporado pode processar.
- **Actuadores**: Os actuadores convertem sinais eléctricos do sistema incorporado em acções físicas, como o controlo de motores, válvulas e relés.

2.3.6 Software e Firmware

O software e o firmware são componentes essenciais dos sistemas incorporados, definindo a sua funcionalidade e comportamento. O firmware é o código de programa armazenado na memória ROM ou Flash, enquanto o software inclui aplicações de nível superior e sistemas operativos.

- **Firmware**: O firmware proporciona um controlo de baixo nível do hardware e implementa a funcionalidade central do sistema incorporado.
- **Sistema operativo (SO)**: Alguns sistemas incorporados utilizam um sistema operativo para gerir recursos, programar tarefas e fornecer serviços de nível superior. Os sistemas operativos em tempo real (RTOS) são normalmente utilizados em sistemas incorporados que exigem um desempenho em tempo real.

2.4 Considerações sobre a conceção de sistemas incorporados

A conceção de sistemas incorporados implica uma análise cuidadosa de vários factores para garantir que o sistema satisfaz os seus requisitos de desempenho, fiabilidade e custo. As principais considerações de conceção incluem o consumo de energia, o desempenho em tempo real, a fiabilidade e a escalabilidade.

2.4.1 Consumo de energia

O consumo de energia é uma consideração crítica para muitos sistemas incorporados, especialmente dispositivos alimentados por bateria. Os projectistas têm de otimizar o consumo de energia para prolongar a vida útil da bateria e reduzir os custos de energia. As técnicas para reduzir o consumo de energia incluem:

- **Componentes de baixo consumo**: Utilização de componentes com baixo consumo de energia, como microcontroladores e sensores de baixo consumo.
- **Modos de gestão de energia**: Implementação de modos de gestão de energia, como os modos de suspensão e de espera, para reduzir o consumo de energia quando o sistema está inativo.
- **Software eficiente**: Escrever software eficiente que minimiza o processamento desnecessário e optimiza a utilização de recursos.

2.4.2 Desempenho em tempo real

O desempenho em tempo real é essencial para os sistemas incorporados que têm de responder a eventos dentro de limites de tempo específicos. Os projectistas devem garantir que o sistema pode cumprir os seus requisitos de tempo, utilizando frequentemente sistemas operativos em tempo real (RTOS) para gerir a programação de tarefas e a atribuição de recursos.

- **Programação de tarefas**: Garantir que as tarefas são agendadas e executadas atempadamente para cumprir os prazos em tempo real.
- **Tratamento de interrupções**: Implementação de um tratamento eficiente das interrupções para garantir respostas atempadas a eventos externos.
- **Otimização do desempenho**: Otimização de software e hardware para minimizar a latência e melhorar a velocidade de execução.

2.4.3 Fiabilidade e estabilidade

A fiabilidade e a estabilidade são cruciais para os sistemas incorporados que têm de funcionar continuamente e sem falhas. Os projectistas têm de garantir que o sistema consegue lidar com várias condições e recuperar de erros.

- **Deteção e correção de erros**: Implementação de técnicas de deteção e correção de erros para identificar e corrigir erros.
- **Redundância**: Incorporar redundância para fornecer backup em caso de falha de um componente.
- **Software robusto**: Escrever software robusto que possa lidar com condições inesperadas e recuperar graciosamente de erros.

2.4.4 Escalabilidade e capacidade de atualização

A escalabilidade e a possibilidade de atualização são considerações importantes para os sistemas incorporados que podem precisar de ser expandidos ou actualizados no futuro. Os projectistas devem garantir que o sistema possa acomodar futuras alterações e melhoramentos[5].

- **Conceção modular**: Utilização de uma abordagem de conceção modular para facilitar actualizações e expansões.

- **Actualizações de firmware**: Implementação de mecanismos para actualizações de firmware para permitir melhorias de software e correcções de erros.
- **Compatibilidade**: Garantir a compatibilidade com os sistemas e componentes existentes para permitir uma integração perfeita.

2.5 Processo de desenvolvimento de sistemas incorporados

O desenvolvimento de sistemas incorporados envolve várias fases, desde o conceito inicial e o projeto até à implementação, teste e implantação. Um processo de desenvolvimento estruturado ajuda a garantir que o sistema cumpre os seus requisitos e tem um desempenho fiável.

2.5.1 Análise de requisitos

A primeira fase do processo de desenvolvimento é a análise de requisitos, onde são definidos os requisitos funcionais e não funcionais do sistema. Esta fase envolve a compreensão das necessidades da aplicação, a identificação das restrições e a especificação dos requisitos de desempenho, fiabilidade e custo.

2.5.2 Conceção do sistema

A fase de conceção do sistema envolve a criação de uma conceção de alto nível que define a arquitetura, os componentes e as interfaces do sistema. Esta fase inclui a seleção do microcontrolador ou microprocessador, a escolha da memória e dos periféricos e a conceção da fonte de alimentação e das interfaces de E/S.

2.5.3 Conceção do hardware

A fase de conceção do hardware envolve a criação de esquemas e layouts detalhados para os componentes de hardware do sistema. Esta fase inclui a conceção da placa de circuito impresso (PCB), a seleção e o fornecimento de componentes e a criação de diagramas de cablagem.

2.5.4 Desenvolvimento de software

A fase de desenvolvimento do software consiste em escrever e testar o firmware e o software que serão executados no sistema incorporado. Esta fase inclui o desenvolvimento do firmware de baixo nível, a implementação do sistema operativo (se aplicável) e a escrita do código da aplicação.

2.5.5 Prototipagem

A prototipagem envolve a criação de um protótipo funcional do sistema incorporado para testar e validar a sua conceção. Esta fase inclui a montagem do hardware, o carregamento do firmware e a realização de testes iniciais para identificar e corrigir problemas.

2.5.6 Testes e validação

A fase de teste e validação consiste em testar exaustivamente o sistema incorporado para garantir que cumpre os seus requisitos e tem um desempenho fiável. Esta fase inclui testes funcionais, testes de desempenho e testes de esforço para identificar e resolver problemas.

2.5.7 Implantação

T fase de implantação envolve o fabrico e a implantação do sistema incorporado no ambiente a que se destina. Esta fase inclui a produção do hardware final, o carregamento do firmware e a instalação do sistema na aplicação a que se destina.

2.5.8 Manutenção e suporte A fase de manutenção e suporte envolve o fornecimento de suporte contínuo ao sistema incorporado, incluindo actualizações de firmware, correção de erros e reparações de hardware. Esta fase garante que o sistema continua a funcionar de forma fiável e pode ser atualizado conforme necessário.

2.6 Aplicações de sistemas incorporados

Os sistemas incorporados são utilizados numa vasta gama de aplicações em vários sectores. A sua capacidade de executar funções específicas com elevada eficiência e fiabilidade torna-os componentes essenciais em muitos sistemas.

2.6.1 Aplicações automóveis

Os sistemas incorporados são amplamente utilizados em aplicações automóveis para controlo do motor, sistemas de segurança, infoentretenimento e sistemas avançados de assistência ao condutor (ADAS). Os exemplos incluem:

- **Unidades de controlo do motor (ECUs)**: Gerem o desempenho do motor, a injeção de combustível e o controlo de emissões.

- **Sistemas de travagem anti-bloqueio (ABS)**: Monitorizam a velocidade das rodas e controlam a travagem para evitar derrapagens.

- **Sistemas de airbag**: Detectam colisões e accionam airbags para proteger os ocupantes.

- **Sistemas de informação e lazer**: Proporcionam funcionalidades de entretenimento, navegação e conetividade.

- **Sistemas avançados de assistência ao condutor (ADAS)**: Melhore a segurança da condução com funcionalidades como o controlo de velocidade de cruzeiro adaptativo, a assistência à manutenção na faixa de rodagem e a prevenção de colisões.

2.6.2 Eletrónica de consumo

Os sistemas incorporados são parte integrante de muitos produtos electrónicos de consumo, fornecendo controlo e funcionalidade a dispositivos como smartphones, tablets, televisores e electrodomésticos. Os exemplos incluem:

- **Smartphones e Tablets**: Gerir interfaces de utilizador, conetividade e processamento multimédia.

- **Televisores inteligentes**: Fornecem transmissão de conteúdos digitais, interfaces de utilizador e conetividade.

- **Electrodomésticos**: Funções de controlo como máquinas de lavar roupa, frigoríficos e fornos micro-ondas.

2.6.3 Automação industrial

Os sistemas incorporados desempenham um papel crucial na automação industrial, controlando máquinas, monitorizando processos e garantindo a segurança. Os exemplos incluem:

- **Controladores lógicos programáveis (PLCs)**: Controlam máquinas e processos industriais.

- **Sistemas robóticos**: Gerir o funcionamento de robôs industriais para tarefas como a montagem, a soldadura e a embalagem.
- **Sistemas de controlo de processos**: Monitorizar e controlar processos em indústrias como a do petróleo e do gás, a química e a indústria transformadora.

2.6.4 Dispositivos médicos

Os sistemas incorporados são utilizados em vários dispositivos médicos para monitorizar e controlar as condições e os tratamentos dos doentes. Os exemplos incluem:

- **Pacemakers**: Controlam o ritmo cardíaco através da transmissão de impulsos eléctricos ao coração.
- **Monitores de glicose no sangue**: Medem os níveis de glucose no sangue e fornecem dados para a gestão da diabetes.
- **Equipamento de diagnóstico**: Realizar exames e fornecer dados de diagnóstico, tais como máquinas de ultra-sons e scanners de ressonância magnética.

2.6.5 Aplicações IoT

A Internet das Coisas (IoT) depende fortemente de sistemas incorporados para ligar e controlar vários dispositivos. Os exemplos incluem:

- **Dispositivos domésticos inteligentes**: Controlar e monitorizar as funções domésticas, como a iluminação, o aquecimento e a segurança.
- **Dispositivos vestíveis**: Monitorizar métricas de saúde e fitness, tais como rastreadores de atividade e smartwatches.
- **IoT industrial (IIoT)**: Ligar e monitorizar equipamento industrial para manutenção preditiva e otimização de processos.

2.7 Conclusão

Os sistemas incorporados são a espinha dorsal da tecnologia moderna, permitindo uma vasta gama de aplicações em vários sectores. Compreender os fundamentos dos sistemas incorporados, incluindo as suas características, componentes, considerações de conceção e aplicações, é essencial para qualquer pessoa envolvida na conceção e desenvolvimento destes sistemas.

Capítulo 3: Programação de microcontroladores

3.1 Introdução à programação de microcontroladores

A programação de microcontroladores envolve a escrita de software que permite que o microcontrolador execute tarefas específicas. Este software, conhecido como firmware, é responsável por controlar o hardware, ler entradas, processar dados e gerar saídas. Este capítulo fornece um guia detalhado para a programação de microcontroladores, abrangendo as ferramentas, linguagens, técnicas e melhores práticas necessárias para uma programação eficaz de microcontroladores.

3.2 Ferramentas e ambientes de desenvolvimento

Para programar um microcontrolador, são necessárias várias ferramentas e ambientes de desenvolvimento. Estas ferramentas facilitam a escrita, a depuração e o carregamento de firmware para o microcontrolador.

3.2.1 Ambiente de desenvolvimento integrado (IDE)

Um IDE é uma aplicação de software que fornece facilidades abrangentes aos programadores de computador para o desenvolvimento de software. Um IDE é normalmente composto por um editor de código fonte, ferramentas de automatização de construção e um depurador. Os IDE populares para programação de microcontroladores incluem:

- **IDE Arduino**: Amplamente utilizado para os microcontroladores Arduino, oferece uma interface simples e um amplo suporte de bibliotecas.
- **Microchip MPLAB X**: Utilizado para microcontroladores PIC e dsPIC, proporcionando um ambiente robusto para o desenvolvimento.
- **Atmel Studio**: Especificamente concebido para microcontroladores AVR, oferecendo capacidades avançadas de depuração e simulação.
- **Keil µVision**: Normalmente utilizado para microcontroladores ARM Cortex-M, fornece ferramentas de depuração e análise de desempenho alargadas.

3.2.2 Compiladores e montadores

Os compiladores e montadores convertem o código de alto nível escrito pelo programador em código de máquina que o microcontrolador pode executar. Alguns compiladores comuns incluem:

- **GCC (Coleção de Compiladores GNU)**: Suporta muitas arquitecturas, incluindo ARM e AVR.
- **IAR Embedded Workbench**: Fornece compiladores altamente optimizados para várias famílias de microcontroladores.
- **Compilador Keil**: Oferece compiladores para ARM Cortex-M e outras arquitecturas.

3.2.3 Depuradores e Simuladores

Os depuradores e simuladores ajudam a testar e a depurar o firmware. Permitem-lhe percorrer o código, definir pontos de interrupção e inspecionar variáveis para identificar e corrigir problemas. As ferramentas comuns incluem:

- **Depuradores JTAG/SWD**: Interfaces de hardware utilizadas para depurar microcontroladores ARM Cortex-M.
- **Depuradores em circuito (ICD)**: Utilizados para depuração em tempo real de microcontroladores no seu ambiente de destino.
- **Simuladores**: Ferramentas de software que emulam o microcontrolador, permitindo-lhe testar o firmware sem hardware real.

3.2.4 Programadores

Os programadores são dispositivos de hardware utilizados para carregar o firmware compilado para a memória do microcontrolador. Os exemplos incluem:

- **USBasp**: Um programador popular para microcontroladores AVR.
- **ST-Link**: Utilizado para programação e depuração de microcontroladores STM32.
- **PICkit**: Utilizado para programar e depurar microcontroladores PIC.

3.3 Linguagens de programação

Os microcontroladores podem ser programados utilizando várias linguagens de programação, cada uma com os seus próprios pontos fortes e aplicações. As linguagens mais utilizadas são:

3.3.1 Linguagem de montagem

A linguagem Assembly é uma linguagem de programação de baixo nível que permite o controlo direto do hardware do microcontrolador. É específica da arquitetura do microcontrolador e oferece uma elevada eficiência e desempenho. No entanto, requer um conhecimento pormenorizado do hardware e pode ser difícil de escrever e manter.

3.3.2 Língua C

C é a linguagem mais utilizada para programar microcontroladores devido ao seu equilíbrio entre abstração de alto nível e controlo de baixo nível. Oferece portabilidade, eficiência e um vasto ecossistema de bibliotecas e ferramentas. O C é adequado tanto para sistemas incorporados pequenos como complexos.

3.3.3 Linguagem C++

O C++ estende o C com características de programação orientada para objectos, tais como classes e herança. É utilizado em sistemas incorporados que exigem uma arquitetura e abstração de software complexas. No entanto, o C++ pode introduzir algumas despesas gerais em comparação com o C, pelo que é essencial utilizar judiciosamente as suas características em ambientes com recursos limitados.

3.3.4 Python

A linguagem Python é cada vez mais utilizada em sistemas incorporados, nomeadamente para tarefas de alto nível e prototipagem rápida. Embora não seja tão eficiente como o C ou o C++, a simplicidade e legibilidade do Python tornam-no uma escolha atractiva para aplicações em que o desempenho não é crítico. Microcontroladores como o MicroPython e o CircuitPython suportam a programação em Python.

3.4   Conceitos básicos de programação de microcontroladores

Compreender os conceitos básicos de programação de microcontroladores é crucial para escrever firmware eficaz e eficiente. Estes conceitos incluem:

3.4.1   GPIO (Entrada/Saída de uso geral)

Os pinos GPIO são utilizados para fazer a interface do microcontrolador com dispositivos externos. Podem ser configurados como pinos de entrada ou de saída, permitindo ao microcontrolador ler ou controlar sinais digitais.

- **Configuração dos pinos GPIO**: A maioria dos microcontroladores fornece registos para configurar a direção (entrada ou saída) e o estado (alto ou baixo) dos pinos GPIO.

- **Leitura de entradas**: Quando configurados como entrada, os pinos GPIO podem ler o estado de sinais externos, como botões ou sensores.
- **Escrever saídas**: Quando configurados como saída, os pinos GPIO podem controlar dispositivos externos, como LEDs ou relés.

3.4.2   Interrupções

As interrupções permitem que o microcontrolador responda prontamente a eventos externos ou internos. Quando ocorre uma interrupção, o microcontrolador interrompe a sua tarefa atual, executa uma rotina de serviço de interrupção (ISR) e, em seguida, retoma a sua tarefa original.

- **Tipos de interrupções**: Os microcontroladores suportam vários tipos de interrupções, incluindo interrupções externas (accionadas por eventos externos), interrupções de temporizador (accionadas por transbordos de temporizador) e interrupções periféricas (accionadas por periféricos como UART ou ADC).
- **Configuração de interrupções**: Para utilizar interrupções, é necessário configurar a fonte de interrupção, ativar a interrupção e escrever a ISR para tratar a interrupção.

3.4.3 Temporizadores e contadores

Os temporizadores e contadores são componentes essenciais dos microcontroladores utilizados para cronometrar e contar eventos.

- **Temporizadores**: Os temporizadores podem gerar interrupções periódicas, medir intervalos de tempo e criar atrasos de tempo.
- **Contadores**: Os contadores podem contar eventos externos, tais como impulsos de um codificador rotativo.

3.4.4 Protocolos de comunicação

Os microcontroladores precisam frequentemente de comunicar com outros dispositivos utilizando vários protocolos de comunicação.

- **UART (Universal Asynchronous Receiver/Transmitter - Recetor/Transmissor Assíncrono Universal)**: Um protocolo de comunicação em série utilizado para comunicação simples, ponto-a-ponto[6].
- **SPI (Serial Peripheral Interface)**: Um protocolo de comunicação de alta velocidade usado para comunicação de curta distância entre microcontroladores e periféricos.
- **I2C (Inter-Integrated Circuit)**: Um protocolo de comunicação multi-mestre e multi-slave utilizado para a comunicação entre circuitos integrados na mesma placa.
- **CAN (Controller Area Network)**: Um protocolo de comunicação robusto utilizado em aplicações automóveis e industriais.

3.5 Escrita e depuração de firmware

Escrever e depurar firmware é um processo sistemático que envolve o planeamento, a codificação, o teste e o aperfeiçoamento do software para garantir que cumpre os requisitos da aplicação.

3.5.1 Planeamento e conceção

Antes de escrever o código, é essencial planear e conceber o firmware. Isto envolve:

- **Definição de requisitos**: Especificar claramente o que o firmware precisa de realizar.
  - **Criando um fluxograma ou diagrama de estado**: Visualizar o fluxo e os estados do programa para entender o funcionamento do sistema.
  - **Seleção do microcontrolador e dos periféricos**: Escolher o microcontrolador e os periféricos adequados com base nos requisitos da aplicação.

3.5.2 Codificação

Ao codificar o firmware, siga as melhores práticas para garantir a legibilidade, a manutenção e a eficiência.

- **Programação modular**: Dividir o código em módulos ou funções, cada um responsável por uma tarefa específica. Isto torna o código mais fácil de compreender e manter.
- **Utilização de bibliotecas**: Aproveitar as bibliotecas existentes para poupar tempo e esforço. As bibliotecas fornecem código pré-escrito para tarefas comuns, como protocolos de comunicação e interface de sensores.
- **Comentários e documentação**: Comente o código para explicar a sua funcionalidade e lógica. Uma boa documentação ajuda os outros a entender e manter o código.

3.5.3 Testes e depuração

Os testes e a depuração são etapas cruciais no processo de desenvolvimento para identificar e corrigir problemas no firmware[7].

- **Teste de unidade**: Testar módulos ou funções individuais para garantir que funcionam corretamente.
- **Teste de integração**: Testar a interação entre diferentes módulos para garantir que

funcionam em conjunto como esperado.

- **Teste do sistema**: Testar o sistema completo no seu ambiente de destino para garantir que cumpre os requisitos.

3.5.4 Técnicas de depuração

Técnicas de depuração eficazes ajudam a identificar e a resolver problemas no firmware.

- **Usando pontos de interrupção**: Definir pontos de interrupção no código para interromper a execução e inspecionar o estado das variáveis e dos registos.

- **Percorrendo o código**: Percorra o código linha por linha para entender seu comportamento e identificar problemas.

- **Monitorização de variáveis**: Monitorizar os valores das variáveis e dos registos para verificar se existem alterações inesperadas.

- **Usando a saída serial**: Imprimir mensagens de depuração para uma consola de série para rastrear o fluxo do programa e identificar problemas.

3.6 Estudo de caso: Programar uma aplicação de LED a piscar

Para ilustrar o processo de programação de um microcontrolador, vamos desenvolver uma aplicação simples de LED a piscar utilizando um microcontrolador Arduino.

3.6.1 Configuração de hardware

- **Microcontrolador**: Arduino Uno

- **LED**: Ligado ao pino digital 13

- **Resistência**: 220 ohms, ligada em série com o LED

3.6.2 Escrever o código

O objetivo é acender e apagar o LED a cada segundo. Vamos utilizar o Arduino IDE para escrever o código.

// Define the pin number for the LED

```cpp
const int ledPin = 13;

// The setup function runs once when the microcontroller starts

void setup() {

  // Initialize the LED pin as an output

  pinMode(ledPin, OUTPUT);

}

// The loop function runs repeatedly

void loop() {

  // Turn the LED on

  digitalWrite(ledPin, HIGH);

  // Wait for 1 second

  delay(1000);

  // Turn the LED off

  digitalWrite(ledPin, LOW);

  // Wait for 1 second

  delay(1000);

}
```

3.6.3 Carregamento do código

1. Ligue o Arduino Uno ao seu computador utilizando um cabo USB.
2. Abra o Arduino IDE e seleccione a placa e a porta correctas no menu

Ferramentas.

3. Clique no botão Upload para compilar e carregar o código para o Arduino.

3.6.4 Testar a aplicação

Depois de carregar o código, o LED ligado ao pino 13 deve começar a piscar a cada segundo. Se o LED não piscar como esperado, use as técnicas de depuração discutidas anteriormente para identificar e corrigir o problema.

3.6 Tópicos avançados em programação de microcontroladores

Quando se sentir à vontade com a programação básica de microcontroladores, pode explorar tópicos mais avançados para melhorar as suas competências e desenvolver aplicações mais complexas.

3.7.1 Sistemas operativos em tempo real (RTOS)

Um RTOS fornece uma estrutura para a gestão de múltiplas tarefas em sistemas de tempo real. Ajuda na programação de tarefas, na gestão de recursos e na comunicação entre tarefas.

- **FreeRTOS**: Um popular RTOS de código aberto para sistemas incorporados, que suporta várias arquitecturas de microcontroladores.
- **RT-Thread**: Um RTOS de código aberto com um rico conjunto de características e um design modular.

3.7.2 Técnicas de baixo consumo

Para aplicações alimentadas por bateria, é crucial minimizar o consumo de energia. As técnicas para reduzir o consumo de energia incluem:

- **Modos de suspensão** : Colocar o microcontrolador em modo de suspensão quando não estiver a processar tarefas ativamente.
- **Escalonamento dinâmico de tensão e frequência (DVFS)**: Ajustar a tensão e a frequência do microcontrolador com base na carga de processamento.
- **Gestão de periféricos**: Desligar ou colocar os periféricos em modos de baixo

consumo quando não estão a ser utilizados.

3.7.3 Protocolos de comunicação

Os protocolos de comunicação avançados permitem que os microcontroladores interajam com vários dispositivos e redes.

- **Bluetooth e BLE**: protocolos de comunicação sem fios para conetividade de curto alcance.
  - **Wi-Fi**: Protocolo de comunicação sem fios para ligação a redes locais e à Internet.
  - **Ethernet**: Protocolo de comunicação com fios para uma ligação em rede fiável e de alta velocidade.

3.7.4 Carregadores de arranque

Um bootloader é um pequeno programa que permite atualizar o firmware sem necessitar de um programador de hardware. É particularmente útil para dispositivos utilizados no terreno.

- **Carregadores de arranque personalizados**: Desenvolvimento de carregadores de arranque personalizados, adaptados aos requisitos de aplicações específicas.
- **Actualizações Over-the-Air (OTA)**: Implementação de actualizações OTA para atualizar remotamente o firmware dos dispositivos IoT.

3.7 Melhores práticas para a programação de microcontroladores

Seguir as melhores práticas garante o desenvolvimento de firmware fiável, eficiente e de fácil manutenção.

3.8.1 Otimização do código

- **Algoritmos eficientes**: Utilizar algoritmos eficientes para minimizar o tempo de processamento e a utilização de memória.
- **Perfilamento de código**: Traçar o perfil do código para identificar os estrangulamentos de desempenho e optimizá-los.

- **Gestão da memória**: Gerir a memória de forma eficaz para evitar fugas e fragmentação.

3.8.2 Robustez e fiabilidade

- **Tratamento de erros**: Implementar um tratamento de erros abrangente para gerir condições inesperadas de forma graciosa.
- **Temporizadores Watchdog**: Utilizar temporizadores watchdog para reiniciar o microcontrolador em caso de mau funcionamento do software.
- **Testes e validação**: Efetuar testes e validações exaustivos para garantir que o firmware cumpre os requisitos e funciona de forma fiável.

3.8.3 Documentação e controlo de versões

- **Documentação**: Documentar o código, a conceção do hardware e a arquitetura do sistema para facilitar a compreensão e a manutenção.
- **Controlo de versões**: Utilize sistemas de controlo de versões, como o Git, para gerir alterações ao código e colaborar com outros programadores.

3.8 Conclusão

A programação de microcontroladores é uma competência fundamental no desenvolvimento de sistemas incorporados. Este capítulo abordou os aspectos essenciais da programação de microcontroladores, incluindo ferramentas de desenvolvimento, linguagens de programação, conceitos básicos e tópicos avançados. Seguindo as orientações e as melhores práticas discutidas, pode desenvolver firmware fiável e eficiente para várias aplicações baseadas em microcontroladores. O próximo capítulo abordará a interface de microcontroladores com sensores, actuadores e módulos de comunicação, expandindo ainda mais as suas capacidades na conceção de sistemas incorporados.

Capítulo 4: Interface e periféricos

4.1 Introdução à Interface

O interfaceamento é um aspeto crucial dos sistemas incorporados, pois envolve a ligação do microcontrolador a vários dispositivos externos, como sensores, actuadores, ecrãs e módulos de comunicação. Um interfaceamento adequado garante uma troca de dados fiável entre o microcontrolador e os periféricos, permitindo que o sistema desempenhe as funções pretendidas. Este capítulo aborda os métodos e princípios de interfaceamento de microcontroladores com uma vasta gama de periféricos, abrangendo tanto os aspectos de hardware como de software.

4.2 Tipos de interface

O interfaceamento pode ser categorizado em dois tipos: digital e analógico. A interface digital lida com sinais binários (0s e 1s), enquanto a interface analógica lida com sinais contínuos.

4.2.1 Interface digital

A interface digital envolve a ligação de dispositivos que funcionam com valores binários discretos. Os exemplos incluem interruptores, LEDs, sensores digitais e módulos de comunicação.

4.2.2 Interface analógica

A interface analógica lida com dispositivos que emitem sinais contínuos, como sensores de temperatura, sensores de luz e potenciómetros. Os microcontroladores têm normalmente conversores analógico-digitais (ADC) incorporados para converter estes sinais analógicos em valores digitais[8].

4.3 Interface de dispositivos digitais

Os dispositivos digitais podem ser interligados utilizando pinos GPIO configurados como entradas ou saídas. As técnicas comuns de interface digital incluem:

4.3.1 Interface de LEDs

Os LEDs são normalmente utilizados para fornecer feedback visual em sistemas incorporados. A interface de um LED envolve a sua ligação a um pino GPIO através de uma resistência limitadora de corrente.

- **Desenho do circuito**: Ligar o ânodo do LED ao pino GPIO através de uma resistência (normalmente 220 ohms) e ligar o cátodo à terra.
- **Programação**: Definir o pino GPIO como uma saída e utilizar a função digitalWrite para ligar e desligar o LED.

Exemplo de código para fazer piscar um LED:

```
const int ledPin = 13; // LED connected to digital pin 13

void setup() {

  pinMode(ledPin, OUTPUT); // Set pin as output

}

void loop() {

  digitalWrite(ledPin, HIGH); // Turn LED on

  delay(1000);             // Wait for 1 second

  digitalWrite(ledPin, LOW);  // Turn LED off

  delay(1000);             // Wait for 1 second

}
```

4.3.2 Interfacear botões de pressão

Os botões de pressão são dispositivos de entrada simples utilizados para acionar eventos em sistemas incorporados. A interface de um botão de pressão envolve a sua ligação a um pino GPIO configurado como uma entrada.

- **Desenho do circuito**: Ligar um terminal do botão ao pino GPIO e o outro terminal à terra. Utilize uma resistência pull-up interna ou externa para garantir um estado definido quando o botão não é premido.
- **Programação**: Definir o pino GPIO como uma entrada e utilizar a função digitalRead para detetar o estado do botão.

Exemplo de código para ler um botão premido:

```
const int buttonPin = 2; // Button connected to digital pin 2

const int ledPin = 13;   // LED connected to digital pin 13

void setup() {

  pinMode(buttonPin, INPUT_PULLUP); // Set pin as input with internal pull-up resistor

  pinMode(ledPin, OUTPUT);        // Set pin as output

}

void loop() {

  int buttonState = digitalRead(buttonPin); // Read button state

  if (buttonState == LOW) {        // Button pressed

    digitalWrite(ledPin, HIGH);       // Turn LED on

  } else {                 // Button not pressed

    digitalWrite(ledPin, LOW);        // Turn LED off

  }

}
```

4.3.3 Interfacear sensores digitais

Os sensores digitais emitem dados em formato digital, utilizando frequentemente protocolos de comunicação como I2C, SPI ou UART.

- **I2C (Inter-Integrated Circuit)**: Um protocolo de dois fios utilizado para a comunicação entre microcontroladores e periféricos. Os dispositivos no barramento I2C são identificados por endereços únicos.

- **SPI (Serial Peripheral Interface)**: Um protocolo de quatro fios utilizado para comunicação de alta velocidade entre microcontroladores e periféricos. Utiliza linhas separadas para entrada de dados (MISO), saída de dados (MOSI), relógio (SCLK) e seleção de chip (CS).
- **UART (Universal Asynchronous ReceiverZTransmitter)**: Um protocolo de comunicação em série utilizado para comunicação ponto-a-ponto. Utiliza as linhas TX (transmissão) e RX (receção) para a transferência de dados.

Exemplo de código para ler dados de um sensor I2C (por exemplo, sensor de temperatura):

```cpp
#include <Wire.h> // Include the Wire library for I2C communication

const int sensorAddress = 0x48; // I2C address of the sensor

void setup() {

  Wire.begin(); // Initialize I2C communication

  Serial.begin(9600); // Initialize serial communication

}

void loop() {

  Wire.beginTransmission(sensorAddress); // Start communication with sensor

  Wire.write(0x00); // Request temperature data

  Wire.endTransmission();

  Wire.requestFrom(sensorAddress, 2); // Request 2 bytes of data

  if (Wire.available() == 2) {

    int temperature = Wire.read() << 8 | Wire.read(); // Read temperature data

    Serial.println(temperature); // Print temperature data

  } delay(1000); // Wait for 1 second}
```

4.4 Interface com dispositivos analógicos

Os dispositivos analógicos fornecem sinais contínuos que precisam de ser convertidos em valores digitais utilizando o ADC do microcontrolador.

4.4.1 Interface de sensores analógicos

Os sensores analógicos produzem uma tensão proporcional à quantidade física medida.

Os exemplos incluem sensores de temperatura (por exemplo, LM35), sensores de luz (por exemplo, LDR) e potenciómetros.

- **Desenho do circuito**: Ligar a saída do sensor a um pino ADC no microcontrolador.
- **Programação**: Utilizar a função analogRead para ler o valor do sensor e convertê-lo para a unidade pretendida.

Exemplo de código para ler um sensor de temperatura analógico (por exemplo, LM35):

```
const int sensorPin = A0; // Sensor connected to analog pin A0

void setup() {

  Serial.begin(9600); // Initialize serial communication

}

void loop() {

  int sensorValue = analogRead(sensorPin); // Read analog value

  float temperature = sensorValue * (5.0 / 1023.0) * 100.0; // Convert to temperature

  Serial.print("Temperature: ");

  Serial.print(temperature);

  Serial.println(" C");

  delay(1000); // Wait for 1 second }
```

4.4.2 Interface com DACs (conversores digital-analógicos)

Os DACs convertem valores digitais em sinais analógicos, úteis para aplicações como saída de áudio e geração de sinais.

- **Desenho do circuito**: Ligar a saída do DAC à carga ou circuito pretendido.

- **Programação**: Utilizar a biblioteca apropriada ou a manipulação direta do registo para definir o valor de saída do DAC.

Exemplo de código para gerar uma onda sinusoidal utilizando um DAC (por exemplo, MCP4921):

cpp

Copy code

```cpp
#include <SPI.h>

const int csPin = 10; // Chip select pin for the DAC

void setup() {

  pinMode(csPin, OUTPUT); // Set chip select pin as output

  SPI.begin(); // Initialize SPI communication

}

void loop() {

  for (int i = 0; i < 360; i++) {

    int value = 2048 + 2047 * sin(i * 3.14159 / 180); // Calculate sine wave value

    writeDAC(value); // Write value to DAC

    delay(1); // Delay to control frequency

  }

}
```

```
void writeDAC(int value) {

  digitalWrite(csPin, LOW); // Select the DAC

  SPI.transfer(0x30 | ((value >> 8) & 0x0F)); // Send high byte

  SPI.transfer(value & 0xFF); // Send low byte

  digitalWrite(csPin, HIGH); // Deselect the DAC

}
```

4.5 Interfaces dos módulos de comunicação

Os módulos de comunicação permitem aos microcontroladores ligarem-se a redes e a outros dispositivos.
Os módulos de comunicação comuns incluem Bluetooth, Wi-Fi e módulos GSM/GPRS.

4.5.1 Interface de módulos Bluetooth

Os módulos Bluetooth, como o HC-05, permitem a comunicação sem fios entre o microcontrolador e outros dispositivos com Bluetooth.

- **Desenho do circuito**: Ligar o pino TX do módulo Bluetooth ao pino RX do microcontrolador e o pino RX ao pino TX.
- **Programação**: Utilizar a biblioteca Série para comunicar com o módulo Bluetooth.

Exemplo de código para a ligação em interface de um módulo Bluetooth HC-05:

```cpp
const int ledPin = 13; // LED connected to digital pin 13

void setup() {

  pinMode(ledPin, OUTPUT); // Set pin as output

  Serial.begin(9600); // Initialize serial communication

}
void loop() {

  if (Serial.available()) {

    char command = Serial.read(); // Read command from Bluetooth

    if (command == '1') {

      digitalWrite(ledPin, HIGH); // Turn LED on

    } else if (command == '0') {

      digitalWrite(ledPin, LOW); // Turn LED off

    }

  }

}
```

4.5.2 Interface de módulos Wi-Fi

Os módulos Wi-Fi, como o ESP8266, permitem que os microcontroladores se liguem a redes Wi-Fi e à Internet.

- **Conceção do circuito**: Ligar o módulo Wi-Fi ao microcontrolador utilizando UART ou SPI.

- **Programação**: Utilizar a biblioteca adequada (por exemplo, ESP8266WiFi) para controlar o módulo Wi-Fi.

Exemplo de código para ligação a uma rede Wi-Fi utilizando um ESP8266:

```cpp
#include <ESP8266WiFi.h>

const char* ssid = "your_SSID";

const char* password = "your_PASSWORD";

void setup() {
  Serial.begin(9600); // Initialize serial communication

  WiFi.begin(ssid, password); // Connect to Wi-Fi


  while (WiFi.status() != WL_CONNECTED) {

    delay(500);

    Serial.print(".");

  }

  Serial.println("Connected to Wi-Fi");

}

void loop() {

  // Your main code here

}
```

4.5.3 Interface de módulos GSM/GPRS

Os módulos GSM/GPRS, como o SIM800, permitem que os microcontroladores comuniquem através de redes celulares, possibilitando funcionalidades como SMS e acesso à Internet.

- **Conceção do circuito**: Ligar o módulo GSM ao microcontrolador utilizando a UART.
- **Programação**: Utilizar os comandos AT para controlar o módulo GSM.

Exemplo de código para enviar um SMS utilizando um módulo SIM800:

```
void setup() {

  Serial.begin(9600); // Initialize serial communication

  sendSMS("1234567890", "Hello, World!"); // Send SMS
```

```cpp
}

void loop() {

  // Your main code here

}

void sendSMS(const char* phoneNumber, const char* message) {

  Serial.println("AT+CMGF=1"); // Set SMS text mode

  delay(100);

  Serial.print("AT+CMGS=\"");

  Serial.print(phoneNumber);

  Serial.println("\"");

  delay(100);

  Serial.print(message);

  delay(100);

  Serial.write(26); // Send Ctrl+Z to indicate end of message

}
```

4.6 Interfaces de ecrãs

Os ecrãs fornecem uma interface visual para os sistemas incorporados, desde simples LEDs a ecrãs gráficos complexos.

4.6.1 Interface com ecrãs de 7 segmentos

Os ecrãs de 7 segmentos são utilizados para mostrar dados numéricos. São constituídos por sete LEDs dispostos num padrão para formar números.

- **Conceção do circuito**: Ligar os segmentos do ecrã aos pinos GPIO através de resistências limitadoras de corrente.

- **Programação**: Controlar os segmentos definindo os pinos GPIO correspondentes como altos ou baixos.[9]

Exemplo de código para apresentação de números num ecrã de 7 segmentos:

```cpp
const int segmentPins[7] = {2, 3, 4, 5, 6, 7, 8}; // Segment pins

const byte digits[10] = { // Segment patterns for digits 0-9

  B00111111, B00000110, B01011011, B01001111,

  B01100110, B01101101, B01111101, B00000111,

  B01111111, B01101111

};

void setup() {

  for (int i = 0; i < 7; i++) {

    pinMode(segmentPins[i], OUTPUT); // Set segment pins as output

  }

}

void loop() {

  for (int i = 0; i < 10; i++) {

    displayDigit(i); // Display digit

    delay(1000); // Wait for 1 second

}}
```

```
void displayDigit(int digit) {

  for (int i = 0; i < 7; i++) {

    digitalWrite(segmentPins[i], digits[digit] & (1 << i)); // Set segment state

  }

}
```

4.6.2 Interface com LCDs de caracteres

Os LCD de caracteres, como o LCD 16x2, são utilizados para apresentar texto. Normalmente, utilizam o controlador HD44780 e comunicam através de uma interface paralela ou I2C.

- **Conceção do circuito**: Ligar o LCD ao microcontrolador utilizando a interface adequada.

- **Programação**: Utilizar uma biblioteca como LiquidCrystal ou LiquidCrystal_I2C para controlar o LCD.

Exemplo de código para apresentação de texto num LCD 16x2:

```cpp
#include <LiquidCrystal.h>

LiquidCrystal lcd(12, 11, 5, 4, 3, 2); // RS, E, D4, D5, D6, D7

void setup() {

  lcd.begin(16, 2); // Initialize the LCD

  lcd.print("Hello, World!"); // Print text

}

void loop() {

  // Your main code here

}
```

4.6.3 Interface com ecrãs gráficos

Os ecrãs gráficos, como os ecrãs OLED e TFT, podem apresentar gráficos e texto complexos.

- **Conceção do circuito**: Ligar o ecrã ao microcontrolador utilizando SPI ou I2C.

- **Programação**: Utilizar uma biblioteca como Adafruit_GFX e Adafruit_SSD1306 para controlar o ecrã.

Exemplo de código para apresentação de gráficos num ecrã OLED:

```cpp
#include <Adafruit_GFX.h>

#include <Adafruit_SSD1306.h>

#define SCREEN_WIDTH 128

#define SCREEN_HEIGHT 64

Adafruit_SSD1306 display(SCREEN_WIDTH, SCREEN_HEIGHT, &Wire, -1);

void setup() {

  if (!display.begin(SSD1306_I2C_ADDRESS, OLED_RESET)) {

    Serial.println(F("SSD1306 allocation failed"));

    for (;;);

  }

  display.display();

  delay(2000);

  display.clearDisplay();

  display.setTextSize(1);

  display.setTextColor(SSD1306_WHITE);
```

```
  display.setCursor(0, 0);

  display.print("Hello, World!");

  display.display();

}

void loop() {

  // Your main code here

}
```

4.7 Interface com Actuadores

Os actuadores convertem sinais eléctricos em movimento físico. Os actuadores comuns incluem motores, servos e relés.

4.7.1 Interfacear motores CC

Os motores CC proporcionam uma rotação contínua e são utilizados em várias aplicações, como a robótica e a automação.

- **Projeto do circuito**: Utilize uma ponte H ou um controlador de motor (por exemplo, L298N) para controlar a direção e a velocidade do motor.
- **Programação**: Utilizar PWM (Modulação de Largura de Impulso) para controlar a velocidade do motor e sinais digitais para controlar a direção.

Exemplo de código para controlar um motor DC utilizando uma ponte H:

```cpp
const int motorPin1 = 2; // Motor control pin 1

const int motorPin2 = 3; // Motor control pin 2

const int speedPin = 9;  // PWM pin for speed control
void setup() {

  pinMode(motorPin1, OUTPUT); // Set motor control pins as output

  pinMode(motorPin2, OUTPUT);

  pinMode(speedPin, OUTPUT);  // Set speed control pin as output

}

void loop() {

  digitalWrite(motorPin1, HIGH); // Set motor direction

  digitalWrite(motorPin2, LOW);

  analogWrite(speedPin, 255);    // Set motor speed

  delay(2000);                   // Run motor for 2 seconds

  digitalWrite(motorPin1, LOW);  // Change motor direction

  digitalWrite(motorPin2, HIGH);

  analogWrite(speedPin, 255);    // Set motor speed

  delay(2000);                   // Run motor for 2 seconds

}
```

4.7.2 Interface de servomotores

Os servomotores proporcionam um controlo preciso da posição angular, tornando-os ideais para aplicações como a robótica e os sistemas de controlo.

- **Desenho do circuito**: Ligar o fio de controlo do servo a um pino GPIO compatível com PWM.

- **Programação**: Utilizar uma biblioteca como Servo para controlar a posição do servo.

Exemplo de código para controlar um servo motor:

```
#include <Servo.h>

Servo myServo; // Create a Servo object

void setup() {

  myServo.attach(9); // Attach the servo to pin 9

}

void loop() {

  myServo.write(0); // Set servo to 0 degrees

  delay(1000); // Wait for 1 second

  myServo.write(90); // Set servo to 90 degrees

  delay(1000); // Wait for 1 second

  myServo.write(180); // Set servo to 180 degrees

  delay(1000); // Wait for 1 second

}
```

4.1.3 **Interfaces de relés**

Os relés são utilizados para controlar dispositivos de alta potência com sinais de baixa potência, proporcionando isolamento elétrico entre o microcontrolador e o dispositivo.

- **Desenho do circuito**: Ligar o pino de controlo do relé a um pino GPIO através de um circuito de driver de transístor.

- **Programação**: Utilizar a função digitalWrite para controlar o relé.

Exemplo de código para controlo de um relé:

```
const int relayPin = 2; // Relay control pin
void setup() {

  pinMode(relayPin, OUTPUT); // Set relay pin as output

}

void loop() {

  digitalWrite(relayPin, HIGH); // Turn relay on

  delay(1000);            // Wait for 1 second

  digitalWrite(relayPin, LOW);  // Turn relay off

  delay(1000);            // Wait for 1 second

}
```

4.8 Conclusão

O interfaceamento de microcontroladores com periféricos é um aspeto fundamental do projeto de sistemas embebidos. Este capítulo abordou várias técnicas de interfaceamento para dispositivos digitais e analógicos, módulos de comunicação, displays e actuadores. Compreendendo os princípios e métodos de interfaceamento, é possível projetar e implementar sistemas embarcados complexos que interagem perfeitamente com seu ambiente. O próximo capítulo irá explorar os conceitos de sistemas operativos em tempo real (RTOS) e multitarefa, melhorando ainda mais as suas competências no desenvolvimento de sistemas embebidos.

Capítulo 5: Sistemas operativos em tempo real (RTOS)

Os Sistemas Operativos em Tempo Real (RTOS) são componentes cruciais nos sistemas incorporados, oferecendo a capacidade de gerir recursos de hardware e executar múltiplas tarefas com restrições de tempo precisas. Este capítulo aborda os aspectos essenciais dos RTOS, a sua arquitetura, características, exemplos comuns e aplicações.

5.1 Introdução aos sistemas operativos em tempo real

Definição e função

Um Sistema Operativo em Tempo Real (RTOS) é um sistema operativo concebido para lidar com aplicações em tempo real que processam os dados à medida que estes entram, normalmente sem atrasos nos buffers. Caracteriza-se pela sua capacidade de gerir recursos de hardware e assegurar tempos de resposta atempados e previsíveis. O RTOS é essencial em sistemas em que o tempo é crítico, como os sistemas de controlo automóvel, a automação industrial, os dispositivos médicos e as telecomunicações. [10]

Principais características dos RTOS

1. **Determinismo**: Os RTOS devem fornecer tempos de resposta previsíveis. O determinismo garante que as tarefas de alta prioridade são executadas dentro de limites de tempo definidos.

2. **Elevada fiabilidade e disponibilidade**: O RTOS deve funcionar de forma fiável e estar disponível para executar tarefas críticas continuamente.

3. **Multitarefa**: O RTOS pode gerir várias tarefas em simultâneo, assegurando que cada tarefa recebe uma parte do tempo do processador.

4. **Latência mínima**: A baixa latência de interrupção e o tempo de comutação de contexto são cruciais para o desempenho das aplicações em tempo real.

5. **Comunicação e sincronização entre tarefas**: São fornecidos mecanismos

eficientes de comunicação e sincronização entre tarefas para garantir um funcionamento coerente.

5.2 Arquitetura RTOS

Kernel O kernel é o componente central de um RTOS, responsável pela gestão de tarefas, programação e afetação de recursos. Pode ser concebido como um kernel monolítico ou um microkernel.

1. **Kernel monolítico**: Combina todos os serviços básicos como gerenciamento de tarefas, gerenciamento de memória e comunicação entre tarefas em um único módulo. Exemplos incluem FreeRTOS e VxWorks.
2. **Microkernel**: Fornece uma funcionalidade central mínima, com serviços adicionais implementados como processos no espaço do utilizador. Exemplos incluem o QNX e o Integrity.

Gestão de tarefas As tarefas são as unidades básicas de execução num RTOS. O kernel gere as tarefas através de vários mecanismos:

1. **Criação e eliminação de tarefas**: Funções para criar, iniciar e eliminar tarefas dinamicamente.
2. **Estados da tarefa**: As tarefas podem estar em diferentes estados, como em execução, prontas, bloqueadas ou suspensas. O RTOS gere as transições entre estes estados.
3. **Prioridade da tarefa**: A cada tarefa é atribuído um nível de prioridade, que determina a sua precedência na execução.

Escalonamento O escalonamento é o processo pelo qual o RTOS decide a ordem em que as tarefas são executadas. Os algoritmos de escalonamento mais comuns incluem:

1. **Programação preemptiva**: Permite que uma tarefa de prioridade mais elevada interrompa e execute uma tarefa de prioridade mais baixa atualmente em execução.

2. **Programação de rodízio**: As tarefas recebem fatias de tempo iguais numa ordem cíclica.

3. **Rate Monotonic Scheduling (RMS)**: Algoritmo de prioridade estática em que as tarefas com períodos mais curtos têm maior prioridade.

4. **Prioridade ao mais cedo possível (EDF)**: Algoritmo de prioridade dinâmica em que as tarefas mais próximas dos seus prazos têm maior prioridade.

Comunicação e sincronização entre tarefas Para coordenar várias tarefas, o RTOS fornece vários mecanismos:

1. **Semáforos**: Utilizados para gerir o acesso a recursos partilhados e sincronizar tarefas.

2. **Mutexes**: Objectos de exclusão mútua que impedem o acesso simultâneo de várias tarefas a um recurso.

3. **Filas de mensagens**: Permitem que as tarefas comuniquem através do envio e receção de mensagens.

4. **Sinalizadores de eventos**: Utilizados para sinalizar entre tarefas ou entre uma rotina de serviço de interrupção e uma tarefa.

Gestão da Memória A gestão da memória num RTOS envolve a atribuição, a anulação da atribuição e a proteção da memória. As técnicas incluem:

1. **Alocação estática**: A memória é atribuída em tempo de compilação.

2. **Atribuição dinâmica**: A memória é alocada e desalocada em tempo de execução, exigindo uma gestão eficiente para evitar a fragmentação.

Tratamento das Interrupções Os RTOS devem tratar eficientemente as interrupções de hardware. As interrupções podem impedir que a tarefa em execução execute uma rotina de serviço de interrupção (ISR) de maior prioridade. O kernel deve minimizar a latência e assegurar o tratamento rápido das interrupções.

5.3 Características do RTOS

Relógio em Tempo Real (RTC) Um RTC é fundamental num RTOS para a cronometragem e programação. Fornece um tempo preciso para atrasos de tarefas, timeouts e execução periódica de tarefas.

Temporizadores Os temporizadores são utilizados para medir intervalos de tempo, gerar interrupções periódicas e acionar eventos baseados no tempo.

Tratamento de erros Mecanismos robustos de tratamento de erros são essenciais para a fiabilidade. Os RTOS devem tratar os erros de forma graciosa, assegurando que o sistema pode recuperar ou falhar em segurança.

Gestão de energia

As funcionalidades de gestão de energia são cruciais em aplicações alimentadas por bateria e sensíveis à energia. O RTOS pode controlar os estados de energia do processador e dos periféricos para otimizar o consumo de energia.

Escalabilidade

Os RTOS devem ser escaláveis para suportar uma gama de aplicações, desde sistemas simples de tarefa única até sistemas complexos de multitarefa.

5.4 Exemplos comuns de RTOS

FreeRTOS O FreeRTOS é um RTOS de código aberto projetado para sistemas embarcados. Ele suporta várias arquiteturas e oferece recursos como multitarefa preemptiva, sincronização de tarefas e comunicação entre tarefas.

VxWorks O VxWorks, desenvolvido pela Wind River, é um RTOS comercial amplamente utilizado, conhecido pelo seu elevado desempenho e fiabilidade. É utilizado em aplicações aeroespaciais, de defesa, automóveis e industriais.

QNX O QNX é um RTOS baseado em microkernel conhecido pela sua modularidade e escalabilidade. É utilizado em sistemas automóveis, médicos e industriais.

RTEMS O RTEMS (Real-Time Executive for Multiprocessor Systems) é um RTOS de código aberto concebido para sistemas incorporados em tempo real. Suporta várias arquitecturas de processadores e é utilizado em aplicações espaciais e científicas.

Integrity O Integrity, desenvolvido pela Green Hills Software, é um RTOS baseado em microkernel centrado na segurança e na fiabilidade. É utilizado em aplicações aeroespaciais, automóveis, médicas e industriais.

5.5 Aplicações de RTOS

Sistemas automóveis

O RTOS é utilizado em sistemas automóveis para controlo do motor, info-entretenimento, sistemas avançados de assistência ao condutor (ADAS) e condução autónoma. Garante o funcionamento atempado e fiável de funções críticas[11].

Automação industrial

O RTOS é utilizado na automação industrial para controlar máquinas, robótica e sistemas de controlo de processos. Proporciona a precisão e a fiabilidade necessárias para o controlo e a monitorização em tempo real.

Dispositivos médicos

O RTOS é utilizado em dispositivos médicos para monitorização de pacientes, equipamento de diagnóstico e instrumentos cirúrgicos. Garante o funcionamento preciso e fiável de sistemas críticos para a vida.

T elecomunicações

O RTOS é utilizado nas telecomunicações para gerir o equipamento de rede, as estações de base e os protocolos de comunicação. Garante uma transmissão de dados eficiente e fiável.

Aeroespacial e Defesa

O RTOS é utilizado no sector aeroespacial e da defesa para aviónica, controlo de satélites e sistemas militares. Proporciona a fiabilidade e o desempenho determinístico necessários para aplicações de missão crítica.

Eletrónica de consumo

O RTOS é utilizado em produtos electrónicos de consumo, como smartphones, televisores inteligentes e sistemas de domótica. Garante um funcionamento reativo e eficiente das interfaces de utilizador e do processamento multimédia.

5.7 Considerações sobre a conceção do RTOS

Priorização de tarefas

A priorização eficaz de tarefas é crucial num RTOS para garantir que as tarefas críticas cumpram os seus prazos. Os projectistas devem atribuir cuidadosamente prioridades com base na importância da tarefa e nos requisitos de tempo.

Gestão de recursos

A gestão eficiente dos recursos é essencial para evitar a contenção e garantir um acesso justo aos recursos partilhados. Isto inclui a gestão do tempo de CPU, da memória e dos dispositivos periféricos.

Análise do tempo

A análise de tempo envolve a verificação de que todas as tarefas podem ser concluídas dentro dos seus prazos nas piores condições possíveis. Isto é fundamental para garantir o desempenho do sistema em tempo real.

Escalabilidade e portabilidade

Os RTOS devem ser escaláveis para suportar uma série de aplicações e portáteis em diferentes plataformas de hardware. Isto exige uma conceção modular e a abstração de pormenores específicos do hardware.

Segurança

A segurança é uma preocupação crescente nas aplicações RTOS, especialmente em sistemas conectados e críticos. Os projectistas devem implementar medidas de segurança robustas para se protegerem contra ciberameaças.

Eficiência energética

A eficiência energética é importante em aplicações alimentadas por bateria e sensíveis à energia. Os projectistas devem implementar técnicas de gestão de energia para otimizar o consumo de energia.

5.8 Desafios no desenvolvimento de RTOS

Complexidade

O desenvolvimento de um RTOS é complexo, exigindo uma compreensão profunda dos princípios do tempo real, da arquitetura do hardware e da conceção do software. Esta complexidade pode levar a tempos de desenvolvimento mais longos e a custos mais elevados.

Depuração e teste

A depuração e o teste de um RTOS podem ser um desafio devido à natureza concorrente e em tempo real das tarefas. São necessárias ferramentas e técnicas especializadas para testar e verificar o sistema.

Escalabilidade

Garantir a escalabilidade numa vasta gama de aplicações e plataformas de hardware pode ser um desafio. Os projectistas têm de equilibrar o desempenho, a utilização de recursos e a funcionalidade.

Restrições de tempo

O cumprimento de restrições rigorosas de tempo requer uma análise e otimização cuidadosas. Qualquer desvio do tempo previsto pode levar a falhas no sistema ou a um desempenho degradado.

Segurança

Garantir a segurança num RTOS é um desafio, especialmente em aplicações ligadas e críticas.

Os projectistas devem implementar medidas de segurança robustas para se protegerem contra ameaças.

5.9 Tendências futuras em RTOS

Integração com a IoT

O RTOS está cada vez mais integrado nos dispositivos IoT, fornecendo capacidades em tempo real para recolha, processamento e comunicação de dados. Prevê-se que esta tendência continue, com o RTOS a desempenhar um papel crucial nas aplicações IoT.

IA e aprendizagem automática

A IA e a aprendizagem automática estão a ser integradas no RTOS para tarefas como a manutenção preditiva, a deteção de anomalias e a tomada de decisões em tempo real. Esta integração melhora as capacidades do RTOS em várias aplicações.

Computação de ponta

O RTOS está a ser utilizado na computação periférica para processar dados mais perto da fonte, reduzindo a latência e melhorando a eficiência. Esta tendência é impulsionada pela necessidade de processamento em tempo real em aplicações como veículos autónomos e cidades inteligentes.

Melhorias de segurança

À medida que as ciberameaças evoluem, os RTOS incorporam funcionalidades de segurança avançadas para proteção contra ataques. Isto inclui arranque seguro, encriptação e deteção de intrusões.

Sistemas adaptativos e auto-regenerativos

Os futuros RTOS incorporarão capacidades adaptativas e de auto-regeneração para melhorar a fiabilidade e o desempenho. Isto inclui a programação dinâmica de tarefas, a afetação de recursos e a tolerância a falhas.

Normalização

Estão a ser desenvolvidos esforços de normalização para melhorar a interoperabilidade e a compatibilidade entre diferentes RTOS e plataformas de hardware. Isso inclui o desenvolvimento de APIs, protocolos e estruturas comuns.

5.10 Conclusão

Os sistemas operativos em tempo real (RTOS) são componentes críticos nos sistemas incorporados, fornecendo as capacidades necessárias para gerir os recursos de hardware e executar tarefas com restrições de tempo precisas. Este capítulo explorou os elementos essenciais dos RTOS, incluindo a sua arquitetura, características, exemplos comuns, aplicações, considerações de conceção, desafios e tendências futuras.

À medida que a tecnologia continua a evoluir, o RTOS desempenhará um papel cada vez mais importante numa vasta gama de aplicações, desde a automação automóvel e industrial a dispositivos médicos e eletrónica de consumo. Ao compreender os princípios e as melhores práticas de conceção e implementação de RTOS, os designers podem desenvolver sistemas em tempo real robustos, fiáveis e eficientes que satisfaçam as exigências do mundo interligado de hoje.

Com os avanços contínuos em IA, IoT, computação de ponta e segurança, o futuro do RTOS promete trazer novas oportunidades e desafios. Manter-se informado sobre essas tendências e desenvolvimentos será essencial para qualquer pessoa envolvida no projeto, desenvolvimento e implantação de sistemas em tempo real.

Capítulo 6: Gestão e otimização de energia

A gestão e otimização eficientes da energia são fundamentais na computação moderna, especialmente nos sistemas portáteis e incorporados. As técnicas de gestão de energia prolongam a vida útil da bateria, reduzem o consumo de energia e melhoram a eficiência e a fiabilidade globais dos sistemas. Este capítulo explora em profundidade as técnicas de gestão e otimização de energia, abrangendo conceitos fundamentais, estratégias de hardware e software, abordagens ao nível do sistema e tendências emergentes.[12]

6.1 Introdução à gestão de energia

A gestão de energia é essencial por várias razões:

1. **Extensão da vida útil da bateria**: Nos dispositivos portáteis, a gestão eficiente da energia prolonga a duração da bateria, melhorando a experiência do utilizador.

2. **Eficiência energética**: A redução do consumo de energia diminui os custos de funcionamento e o impacto ambiental.

3. **Gestão térmica**: A utilização eficiente da energia reduz a produção de calor, melhorando a fiabilidade e o desempenho do sistema.

4. **Conformidade e normas**: O cumprimento das normas e regulamentos de eficiência energética é cada vez mais importante em vários sectores.

Conceitos-chave

1. **Potência vs. Energia**: A potência é a taxa a que a energia é consumida, medida em watts (W). Energia é a quantidade total de energia consumida ao longo do tempo, medida em watts-hora (Wh).

2. **Potência ativa**: Energia consumida por um dispositivo quando este está a realizar um trabalho útil.

3. **Potência inativa**: Energia consumida por um dispositivo quando este não está a realizar trabalho útil, mas continua ligado.

4. **Modos de suspensão**: Estados de baixo consumo em que o dispositivo reduz o consumo de energia desligando os componentes não essenciais.

6.2 Técnicas de gestão de energia do hardware

- Escalonamento dinâmico de tensão e frequência (DVFS)

O DVFS ajusta a tensão e a frequência de um processador de forma dinâmica com base nos requisitos da carga de trabalho. A redução da tensão e da frequência reduz o consumo de energia, mas também diminui o desempenho. O DVFS é amplamente utilizado em processadores para equilibrar o desempenho e a eficiência energética.

- **Controlo de potência**

A portagem de energia consiste em desligar a energia de secções específicas de um chip quando estas não estão a ser utilizadas. Esta técnica reduz a energia de fuga, que é a energia consumida pelos transístores mesmo quando não estão a comutar. O Power gating requer circuitos adicionais para controlar os interruptores de alimentação e garantir transições perfeitas entre estados de alimentação.

- **Controlo do relógio**

A passagem de relógio reduz o consumo dinâmico de energia ao desativar o sinal de relógio para circuitos inactivos. Isto evita a atividade de comutação desnecessária nas secções bloqueadas, poupando energia. O bloqueio de relógio é mais simples de implementar do que o bloqueio de potência e é normalmente utilizado em vários circuitos digitais.

- **Componentes de baixo consumo**

A utilização de componentes de baixo consumo, como processadores, memória e dispositivos periféricos energeticamente eficientes, é uma estratégia de hardware fundamental para a gestão de energia. Os fabricantes concebem estes componentes para consumirem menos energia sem comprometerem significativamente o desempenho.

- **Captação de energia**

As técnicas de captação de energia captam e convertem fontes de energia ambiente, como a energia solar, térmica ou cinética, em energia eléctrica. Estas técnicas são particularmente úteis em dispositivos remotos ou portáteis onde a substituição ou recarga de baterias é difícil.

6.3 Técnicas de gestão de energia por software

- **Sistema operativo (SO) Gestão de energia**

Os sistemas operativos modernos incluem funcionalidades de gestão de energia para controlar os estados de energia do hardware. Estas funcionalidades incluem:

1. **Estados de inatividade**: O SO pode fazer a transição do processador para vários estados de inatividade (estados C) quando a carga de trabalho é baixa, reduzindo o consumo de energia.

2. **Estados de desempenho**: O SO pode ajustar os estados de desempenho do processador (estados P) usando DVFS para equilibrar o desempenho e a eficiência energética.

3. **Gestão de energia dos dispositivos**: O SO pode gerir os estados de energia dos dispositivos periféricos, desligando-os ou colocando-os em modos de baixo consumo quando não estão a ser utilizados.

- **Gestão dinâmica de energia**

As técnicas de gestão dinâmica da energia envolvem a monitorização da carga de trabalho do sistema e o ajuste dinâmico dos estados de energia para otimizar a eficiência energética. Isto pode ser conseguido através de:

1. **Caracterização da carga de trabalho**: Analisar a carga de trabalho para prever o comportamento futuro e ajustar os estados de energia em conformidade.

2. **Políticas de energia**: Implementação de políticas de gestão de energia que definem como e quando fazer a transição entre estados de energia com base na carga de trabalho e nas preferências do utilizador.

3. **Controlo de feedback**: Utilização de feedback de sensores e contadores de desempenho para efetuar ajustes em tempo real aos estados de energia.

- **Otimização de energia ao nível da aplicação**

As aplicações podem ser concebidas para otimizar o consumo de energia:

1. **Codificação eficiente**: Escrever código eficiente em termos energéticos que minimize os cálculos desnecessários e as operações de E/S.
2. **Gestão de recursos**: Gerir recursos como a memória, a CPU e a utilização da rede para reduzir o consumo de energia.
3. **Algoritmos adaptativos**: Implementação de algoritmos adaptativos que ajustam o seu comportamento com base no estado atual da energia ou nas restrições energéticas.

- **Otimização do compilador**

Os compiladores podem otimizar o código para obter eficiência energética:

1. **Reestruturação do código**: Reestruturação do código para reduzir o número de instruções e de acessos à memória, o que, por sua vez, reduz o consumo de energia.
2. **Programação com consciência energética**: Programação de instruções para minimizar as operações que consomem muita energia e equilibrar a carga de trabalho entre os núcleos do processador.
3. **Otimização de loops**: Otimização de loops para reduzir o número de iterações e melhorar a eficiência da cache, poupando energia.

6.4 Gestão de energia a nível do sistema

- **Estruturas de gestão de energia**

As estruturas de gestão de energia fornecem uma abordagem normalizada para controlar e monitorizar os estados de energia em diferentes componentes de hardware e camadas de software. Os exemplos incluem:

1. **Interface Avançada de Configuração e Energia (ACPI)**: A ACPI fornece uma norma aberta para a configuração dirigida pelo SO e a gestão de energia,

permitindo que o SO controle os estados de energia do hardware.

2. **Árvore de dispositivos**: Uma estrutura de dados utilizada em sistemas incorporados para descrever a disposição do hardware e as capacidades de gestão de energia para o SO.

3. **Circuitos integrados de gestão de energia (PMICs)**: Os PMIC são componentes de hardware especializados que gerem a distribuição e o controlo de energia em sistemas complexos.

- **Conceção de sistemas energeticamente eficientes**

A conceção de sistemas energeticamente eficientes implica ter em conta a gestão da energia em todas as fases de desenvolvimento:

1. **Conceção de arquitecturas**: Escolha de arquitecturas e componentes eficientes em termos energéticos que suportem funcionalidades de gestão de energia.

2. **Conceção de software**: Desenvolvimento de software que tira partido das funcionalidades de gestão de energia e optimiza o consumo de energia.

3. **Teste e validação**: Testar e validar estratégias de gestão de energia para garantir que cumprem os objectivos de eficiência energética e os requisitos de desempenho.

- **Sistema em chip (SoC) de baixo consumo**

Os SoCs de baixo consumo integram vários componentes, incluindo processadores, memória e periféricos, num único chip. Estes SoCs são concebidos com funcionalidades de gestão de energia, tais como DVFS, controlo de energia e controlo de relógio, para otimizar a eficiência energética.

- **Programação sensível à energia**

As técnicas de programação sensíveis à energia visam otimizar a atribuição de tarefas aos processadores com base nos seus estados de potência e consumo de energia. Os exemplos incluem:

1. **Escalonamento de tarefas com consciência energética**: Agendamento de

tarefas para processadores com o menor custo de energia ou para processadores em estados de baixo consumo de energia para minimizar o consumo geral de energia.

2. **Migração dinâmica de tarefas**: Migração de tarefas entre processadores para equilibrar a carga de trabalho e otimizar a utilização de energia.

- **Gestão térmica**

As técnicas de gestão térmica controlam a temperatura dos componentes electrónicos para evitar o sobreaquecimento e garantir um funcionamento fiável. Estas técnicas incluem:

1. **Gestão térmica dinâmica (DTM)**: Ajustar os estados de energia, as velocidades de relógio e a programação de tarefas com base nas leituras de temperatura para evitar o sobreaquecimento.
2. **Dissipação de calor**: Utilização de dissipadores de calor, ventoinhas e outros métodos de arrefecimento para dissipar o calor gerado pelos componentes electrónicos.

6.5 Tendências emergentes em gestão e otimização de energia

Inteligência artificial (IA) e aprendizagem automática (ML)

As técnicas de IA e ML estão a ser cada vez mais utilizadas para a gestão e otimização da energia:

1. **Gestão Preditiva de Energia**: Utilização de modelos ML para prever a carga de trabalho futura e ajustar os estados de energia de forma proactiva.
2. **Deteção de anomalias**: Deteção de padrões anormais de consumo de energia utilizando IA para identificar potenciais problemas e otimizar a utilização de energia.
3. **Aprendizagem por reforço**: Aplicação de algoritmos de aprendizagem por reforço para ajustar dinamicamente os estados de potência com base no feedback em tempo real e nas métricas de desempenho.

Internet das coisas (IoT)

A gestão da energia nos dispositivos IoT é crucial devido às suas fontes de energia frequentemente limitadas:

1. **Recolha de energia**: Utilização de fontes de energia ambiente para alimentar dispositivos IoT e reduzir a dependência de baterias.
2. **Protocolos de baixo consumo**: Implementação de protocolos de comunicação de baixo consumo, como Zigbee, LoRa e Bluetooth Low Energy (BLE), para minimizar o consumo de energia.
3. **Ciclo de trabalho**: Redução do consumo de energia através da alternância do dispositivo entre os estados ativo e de suspensão com base nos padrões de utilização.

Computação de ponta

A computação periférica aproxima a computação das fontes de dados, reduzindo a latência e melhorando a eficiência. A gestão da energia na computação periférica envolve:

1. **Processamento local**: Processamento de dados localmente para reduzir o consumo de energia associado à transmissão de dados.
2. **Otimização de recursos**: Otimização da atribuição de recursos e estados de energia em dispositivos de ponta para equilibrar o desempenho e a eficiência energética.
3. **Gestão colaborativa da energia**: Coordenação de estratégias de gestão de energia em vários dispositivos periféricos para otimizar o consumo global de energia.

5G e mais além

A implantação de redes 5G apresenta novos desafios e oportunidades para a gestão de energia:

1. **Conceção de redes eficientes em termos energéticos**: Conceção de redes 5G com arquitecturas e componentes eficientes em termos energéticos para

minimizar o consumo de energia.

2. **Estações de base inteligentes**: Implementação de funcionalidades de gestão de energia em estações de base 5G para otimizar a utilização de energia com base no tráfego e na carga da rede.

3. **Gestão de energia de dispositivos**: Desenvolvimento de técnicas de gestão de energia para dispositivos com 5G para prolongar a duração da bateria e melhorar a experiência do utilizador.

Tecnologia de baterias

Os avanços na tecnologia das baterias são cruciais para melhorar a gestão da energia nos dispositivos portáteis:

1. **Maior densidade energética**: Desenvolvimento de baterias com maior densidade energética para armazenar mais energia num formato mais pequeno.

2. **Carregamento rápido**: Implementação de tecnologias de carregamento rápido para reduzir o tempo de inatividade e melhorar a usabilidade.

3. **Sistemas de gestão da bateria (BMS)**: Utilização do BMS para monitorizar e otimizar o desempenho da bateria, prolongando a sua vida útil e garantindo um funcionamento seguro.

Computação verde

A computação ecológica centra-se na redução do impacto ambiental dos sistemas informáticos:

1. **Centros de dados com eficiência energética**: Conceção de centros de dados com hardware, sistemas de arrefecimento e estratégias de gestão de energia eficientes em termos energéticos para minimizar o consumo de energia.

2. **Energia renovável**: Utilização de fontes de energia renováveis, como a energia solar e eólica, para fornecer energia aos sistemas informáticos.

3. **Práticas sustentáveis**: Implementação de práticas sustentáveis, como a reciclagem de resíduos electrónicos e a conceção de produtos energeticamente eficientes para reduzir a pegada ambiental.

Estudos de casos e aplicações

Dispositivos móveis

A gestão da energia nos dispositivos móveis tem como objetivo prolongar a duração da bateria e melhorar a experiência do utilizador:

1. **Brilho adaptável**: Ajusta automaticamente o brilho do ecrã com base nas condições de luz ambiente para poupar energia.
2. **Otimização de aplicações**: Desenvolvimento de aplicações eficientes em termos energéticos que minimizam a atividade em segundo plano e a utilização de recursos.
3. **Modos de economia de bateria** : Implementação de modos de poupança de bateria que reduzem o desempenho e limitam os processos em segundo plano para prolongar a duração da bateria.

Centros de dados

Os centros de dados requerem uma gestão eficiente da energia para reduzir os custos operacionais e o impacto ambiental:

1. **Virtualização de servidores**: Consolidação de vários servidores virtuais em menos servidores físicos para reduzir o consumo de energia.
2. **Atribuição dinâmica de recursos**: Ajustar a atribuição de recursos com base na procura de carga de trabalho para otimizar a utilização de energia.
3. **Arrefecimento eficiente**: Implementação de técnicas de arrefecimento avançadas, como o arrefecimento líquido e o arrefecimento livre, para reduzir o consumo de energia.

Sistemas automóveis

A gestão da energia nos sistemas automóveis é fundamental para os veículos eléctricos e híbridos:

1. **Propulsão eficiente em termos energéticos**: Otimização da utilização de energia em sistemas de propulsão eléctrica para aumentar a autonomia de condução.

2. **Travagem regenerativa**: Captação e armazenamento da energia gerada durante a travagem para recarregar a bateria.

3. **Gestão térmica**: Implementação de sistemas de gestão térmica para manter as temperaturas óptimas da bateria e do motor.

Casas inteligentes

A gestão de energia em casas inteligentes envolve a otimização da utilização de energia em vários dispositivos ligados:

1. **Termostatos inteligentes**: Utilização de termóstatos inteligentes para ajustar o aquecimento e a refrigeração com base na ocupação e nas condições meteorológicas.

2. **Monitorização da energia**: Implementação de sistemas de monitorização de energia para acompanhar e otimizar a utilização de energia em tempo real.

3. **Automatização doméstica**: Automatizar a iluminação, os electrodomésticos e outros dispositivos para reduzir o consumo de energia.

Dispositivos vestíveis Os dispositivos vestíveis requerem uma gestão eficiente da energia para prolongar a duração da bateria e melhorar a sua utilização:

1. **Sensores de baixo consumo**: Utilização de sensores de baixo consumo para recolher dados sem esgotar significativamente a bateria.

2. **Processamento eficiente de dados**: Otimizar os algoritmos de processamento de dados para minimizar o consumo de energia.

3. **Modos de suspensão**: Implementação de modos de suspensão que reduzem o consumo de energia quando o dispositivo não está a ser utilizado.

6.6 Conclusão

A gestão e otimização da energia são aspectos críticos da computação moderna, com impacto em tudo, desde dispositivos portáteis a centros de dados de grande escala. Ao implementar estratégias eficazes de gestão da energia a nível do hardware, do software e do sistema, os projectistas podem criar sistemas energeticamente eficientes que equilibram o desempenho, a fiabilidade e o consumo de energia[13].

As tendências emergentes, como a IA, a IoT, a computação periférica e o 5G, apresentam novas oportunidades e desafios para a gestão da energia. Manter-se informado sobre estas tendências e melhorar continuamente as técnicas de gestão de energia será essencial para desenvolver sistemas de computação sustentáveis e eficientes.

Capítulo 7: Tendências futuras dos sistemas incorporados

O panorama dos sistemas incorporados está a evoluir rapidamente, impulsionado pelos avanços tecnológicos, pela crescente procura de conetividade e pela integração da inteligência artificial (IA) e da aprendizagem automática (ML). Este capítulo explora as tendências futuras dos sistemas incorporados, destacando as principais áreas de desenvolvimento, as tecnologias emergentes e o potencial impacto em vários sectores.

7.1 Introdução aos sistemas incorporados

Os sistemas incorporados são sistemas informáticos especializados que desempenham funções específicas em sistemas de maior dimensão. São concebidos para tarefas específicas, muitas vezes com limitações de computação em tempo real, e são integrados em vários dispositivos e aplicações, desde a eletrónica de consumo à automação industrial.

Características principais:

- **Especialização:** Os sistemas incorporados são concebidos para tarefas específicas.
- **Funcionamento em tempo real:** Muitos sistemas incorporados funcionam com restrições de tempo real.
- **Restrições de recursos:** Estes sistemas têm frequentemente recursos computacionais e de memória limitados.
- **Integração:** Os sistemas incorporados estão integrados em sistemas maiores e não são, normalmente, dispositivos autónomos.

Tendências emergentes em sistemas incorporados

- Internet das coisas (IoT)
- Computação de ponta
- Inteligência Artificial e Aprendizagem Automática
- Medidas de segurança reforçadas
- Eficiência energética e sustentabilidade
- Conectividade 5G
- Tecnologia avançada de sensores

- Tecnologia vestível
- Sistemas autónomos
  Normalização e interoperabilidade

Internet das coisas (IoT)

Expansão das aplicações IoT

A IoT continua a expandir-se, ligando um número crescente de dispositivos e sistemas à Internet. Esta expansão permite novas aplicações em casas inteligentes, cuidados de saúde, automação industrial, agricultura e muito mais.

Interoperabilidade e normalização

À medida que o número de dispositivos ligados cresce, torna-se crucial garantir a interoperabilidade e a normalização. Estão a ser envidados esforços para desenvolver protocolos e normas comuns que permitam uma comunicação sem falhas entre dispositivos de diferentes fabricantes.

Gestão e análise de dados

Os dispositivos IoT geram grandes quantidades de dados, necessitando de soluções avançadas de gestão e análise de dados. Os futuros sistemas incorporados irão incorporar capacidades de processamento de dados mais robustas para lidar com este afluxo de informação.

Computação de ponta

Processamento descentralizado

A computação periférica aproxima o processamento de dados da fonte de dados, reduzindo a latência e a utilização da largura de banda. Os sistemas incorporados na periferia desempenharão um papel fundamental no processamento descentralizado, permitindo a tomada de decisões em tempo real e melhorando a capacidade de resposta do sistema.

IA no limite

Os modelos de IA e ML estão a ser cada vez mais implementados na periferia, permitindo que os dispositivos processem dados localmente e tomem decisões inteligentes sem depender do processamento baseado na nuvem. Esta tendência melhora as capacidades dos sistemas incorporados em várias aplicações, desde veículos autónomos a câmaras inteligentes.

Segurança e privacidade

A computação periférica apresenta novos desafios em termos de segurança e privacidade, dado que os dados são processados e armazenados mais perto da fonte. Os futuros sistemas incorporados incorporarão medidas de segurança avançadas para proteger os dados e garantir a privacidade na periferia.

Inteligência Artificial e Aprendizagem Automática

Integração da IA/ML

A integração da IA e do ML nos sistemas incorporados está a transformar várias indústrias. Os futuros sistemas incorporados tirarão partido da IA/ML para reforçar a funcionalidade, melhorar o desempenho e permitir novas aplicações[14].

Aprendizagem no dispositivo

A aprendizagem no dispositivo permite que os sistemas incorporados se adaptem e melhorem ao longo do tempo sem depender de formação baseada na nuvem. Esta capacidade é particularmente importante para aplicações que requerem adaptação em tempo real, como drones e robôs autónomos.

TinyML

TinyML refere-se à implementação de modelos de aprendizagem automática em dispositivos com recursos limitados. Os avanços no TinyML permitirão que algoritmos de IA mais complexos sejam executados em sistemas incorporados com potência computacional e memória limitadas.

Medidas de segurança reforçadas

Segurança desde a conceção

medida que os sistemas incorporados se integram cada vez mais nas infra-estruturas críticas, garantir a segurança torna-se fundamental. Os futuros sistemas incorporados adoptarão uma abordagem de "segurança desde a conceção", incorporando medidas de segurança em todas as fases do desenvolvimento.

Segurança do hardware

As características de segurança baseadas no hardware, como o arranque seguro e os ambientes de execução fiáveis (TEE), tornar-se-ão mais predominantes nos sistemas incorporados para proteger contra ameaças físicas e cibernéticas.

IA para a segurança

As técnicas de IA e ML serão cada vez mais utilizadas para reforçar a segurança dos sistemas incorporados. Estas tecnologias podem detetar e responder a ameaças à segurança em tempo real, proporcionando uma camada adicional de proteção.

7.2 Eficiência energética e sustentabilidade

Conceção de baixo consumo

A eficiência energética continua a ser uma preocupação fundamental para os sistemas incorporados, especialmente em aplicações remotas e alimentadas por baterias. As tendências futuras centrar-se-ão em técnicas de conceção de baixo consumo, incluindo gestão avançada da energia, recolha de energia e componentes de consumo ultra-baixo.

Materiais e processos sustentáveis

A sustentabilidade dos sistemas incorporados vai para além da eficiência energética. Os sistemas futuros incorporarão materiais e processos de fabrico sustentáveis, reduzindo o impacto ambiental e promovendo uma conceção ecológica.

Gestão do ciclo de vida

A gestão de todo o ciclo de vida dos sistemas incorporados, desde a conceção e a implantação até à eliminação no fim do ciclo de vida, será cada vez mais importante. As estratégias de reciclagem e reorientação dos sistemas incorporados contribuirão para os esforços de sustentabilidade.

Conectividade 5G

Comunicação de alta velocidade

A implantação de redes 5G oferece melhorias significativas na velocidade, latência e capacidade de comunicação. Os sistemas incorporados tirarão partido da conetividade 5G para permitir novas aplicações em áreas como os veículos autónomos, os cuidados de saúde remotos e as cidades inteligentes.

Conectividade IoT massiva A tecnologia 5G suporta conetividade IoT massiva, permitindo a implantação de redes IoT em grande escala com milhares de dispositivos conectados. Esta capacidade irá impulsionar o desenvolvimento de novas aplicações e serviços IoT.

Fiabilidade melhorada As redes 5G proporcionam uma fiabilidade melhorada e uma comunicação de baixa latência, o que é fundamental para aplicações de missão crítica, como a automação industrial e a telemedicina.

Tecnologia avançada de sensores

Sensores multimodais

Os futuros sistemas incorporados incorporarão sensores multimodais que combinam múltiplas capacidades de deteção, como a visão, o áudio e a deteção ambiental, num único dispositivo. Esta integração aumenta a funcionalidade e a versatilidade dos sistemas incorporados.

Sensores inteligentes

Os sensores inteligentes com capacidades de processamento incorporadas permitirão uma recolha e análise de dados mais eficientes. Estes sensores podem pré-processar os dados localmente, reduzindo a carga sobre a unidade central de processamento e melhorando o desempenho global do sistema.

Sensores flexíveis e vestíveis

Os avanços na tecnologia de sensores flexíveis e portáteis permitirão novas aplicações nos cuidados de saúde, no desporto e no fitness. Estes sensores podem monitorizar vários parâmetros fisiológicos em tempo real, fornecendo informações valiosas e melhorando os resultados em termos de saúde.

Tecnologia vestível

Monitorização da saúde e da condição física

A tecnologia vestível para monitorização da saúde e da condição física continua a evoluir, oferecendo um acompanhamento mais preciso e abrangente de várias métricas, como o ritmo cardíaco, os níveis de atividade e os padrões de sono. Os futuros dispositivos portáteis fornecerão informações mais aprofundadas sobre a saúde e o bem-estar, permitindo cuidados de saúde personalizados.

Realidade Aumentada (AR) e Realidade Virtual (VR)

As tecnologias de RA e RV estão a ser cada vez mais integradas em dispositivos portáteis, oferecendo novas possibilidades de experiências imersivas e aplicações em jogos, educação, formação e trabalho remoto.

Moda e função

A tecnologia vestível está cada vez mais a misturar moda e função, com designs que são simultaneamente elegantes e tecnologicamente avançados. As tendências futuras centrar-se-ão na integração perfeita das tecnologias vestíveis no vestuário e acessórios do dia a dia.

Sistemas autónomos

Veículos autónomos

O desenvolvimento de veículos autónomos é uma tendência importante nos sistemas incorporados, com os avanços na IA, na tecnologia de sensores e na conetividade a impulsionar o progresso. Os futuros veículos autónomos serão mais capazes, fiáveis e amplamente adoptados.

Robótica

A robótica é outro domínio em que os sistemas incorporados desempenham um papel fundamental. As tendências futuras no domínio da robótica incluem o desenvolvimento de robôs mais sofisticados com capacidades acrescidas para a automatização industrial, os cuidados de saúde e as aplicações domésticas[15].

Drones

A utilização de drones está a expandir-se em vários domínios, incluindo a agricultura, a logística e a vigilância. As tendências futuras centrar-se-ão na melhoria da autonomia, fiabilidade e segurança dos drones, permitindo aplicações novas e inovadoras.

7.3 Normalização e interoperabilidade

Normas abertas A adoção de normas abertas é essencial para garantir a interoperabilidade entre diferentes sistemas e dispositivos incorporados. As tendências futuras centrar-se-ão no desenvolvimento e na promoção de normas abertas para facilitar a comunicação e a integração sem descontinuidades.

Plataformas interoperáveis

As plataformas e os quadros interoperáveis permitirão que diferentes sistemas incorporados trabalhem em conjunto de forma mais eficaz. Esta tendência impulsionará a inovação e permitirá o desenvolvimento de soluções mais complexas e integradas.

Colaboração entre sectores

A colaboração entre diferentes indústrias e sectores é crucial para o avanço dos sistemas incorporados. As tendências futuras darão ênfase à colaboração inter-setorial para enfrentar desafios comuns e potenciar sinergias.

Estudos de casos e aplicações

Cidades inteligentes

Os sistemas incorporados são parte integrante do desenvolvimento de cidades inteligentes, que têm como objetivo melhorar a vida urbana através da utilização da tecnologia. As tendências futuras das cidades inteligentes incluem a integração da IoT, da IA e do 5G para melhorar os serviços públicos, os transportes, a gestão da energia e a segurança.

Cuidados de saúde

No sector dos cuidados de saúde, os sistemas incorporados são utilizados em dispositivos médicos, monitores de saúde portáteis e soluções de telemedicina. As tendências futuras incluem o desenvolvimento de dispositivos médicos mais avançados e conectados, soluções de cuidados de saúde personalizados e monitorização remota dos doentes.

Automação industrial

A automação industrial depende de sistemas incorporados para controlo, monitorização e otimização de processos. As tendências futuras incluem a integração de IA, ML e computação de ponta para melhorar a eficiência, reduzir o tempo de inatividade e permitir a manutenção preditiva.

Agricultura Os sistemas incorporados estão a transformar a agricultura através da utilização de técnicas agrícolas inteligentes. As tendências futuras incluem a implementação de dispositivos IoT, drones e análises baseadas em IA para otimizar o rendimento das colheitas, reduzir a utilização de recursos e melhorar a sustentabilidade.

Eletrónica de consumo

Na eletrónica de consumo, os sistemas incorporados são utilizados numa vasta gama de dispositivos, desde smartphones a electrodomésticos inteligentes. As tendências futuras incluem o desenvolvimento de dispositivos mais inteligentes e conectados, experiências de utilização melhoradas e maior eficiência energética.

Conclusão

O futuro dos sistemas incorporados é marcado por rápidos avanços tecnológicos, pelo aumento da conetividade e pela integração da IA e do ML. Estas tendências estão a impulsionar a inovação em vários setores, desde os cuidados de saúde e a automação industrial até às cidades inteligentes e à eletrónica de consumo.

À medida que os sistemas incorporados se tornam mais inteligentes, conectados e eficientes, vão permitir novas aplicações e melhorar as existentes, melhorando a qualidade de vida e impulsionando o crescimento económico. Para se manterem competitivos, os projectistas e programadores têm de se manter a par destas tendências e inovar continuamente para satisfazer as exigências em evolução do mercado.

Ao compreenderem e adoptarem estas tendências futuras, os intervenientes no sector dos sistemas incorporados podem abrir novas oportunidades, enfrentar os desafios emergentes e contribuir para o desenvolvimento de um mundo mais conectado e inteligente.

REFERÊNCIAS

[1] Ahmad, I., Yousaf, M., & Ullah, H. (2020). Tendências emergentes na Internet das Coisas (IoT): Insights sobre arquitetura, protocolos e aplicações. Sensors, 20(11), 3120. https://doi.org/10.3390/s20113120

[2] Bonomi, F., Milito, R., Zhu, J., & Addepalli, S. (2012). A computação em nevoeiro e o seu papel na Internet das Coisas. In Proceedings of the first edition of the MCC workshop on Mobile cloud computing (pp. 13-16). ACM. https://doi.org/10.1145/2342509.2342513

[3] Dean, T. (2018). A Internet das Coisas: Principais aplicações e protocolos. John Wiley & Sons.

[4] Dey, N., & Ashour, A. S. (Eds.). (2018). Classificação em BioApps: Automação da tomada de decisões. Springer.

[5] Gubbi, J., Buyya, R., Marusic, S., & Palaniswami, M. (2013). Internet das Coisas (IoT): A vision, architectural elements, and future directions. Future Generation Computer Systems, 29(7), 1645-1660. https://doi.org/10.1016/_j.future.2013.01.010

[6] Hassan, Q. F. (2018). Internet das Coisas de A a Z: Tecnologias e aplicações. John Wiley & Sons.

[7] Kaur, K., & Tuli, S. (2021). Inteligência artificial e aprendizagem automática em sistemas incorporados
Sistemas: A Survey of Current Trends and Future Directions. Journal of Artificial Intelligence and Soft Computing Research, 11(3), 177-193. https://doi.org/10.2478/jaiscr-2021-0011

[8] Krishnamurthy, V., & Vardi, M. Y. (Eds.). (2018). Principles of Cyber-Physical Systems. MIT Press.

[9] Lee, I., & Lee, K. (2015). A Internet das Coisas (IoT): Aplicações, investimentos e

desafios para as empresas. Business Horizons, 58(4), 431-440.
https://doi.org/10.1016/j.bushor.2015.03.008

[10] Lu, Y., & Xu, L. D. (2018). Investigação sobre cibersegurança na Internet das
Coisas (IoT): Uma revisão dos tópicos de investigação actuais. IEEE Internet of
Things Journal, 6(2), 2103-2115. https://doi.org/10.1109/JIQT.2018.2873788

[11] Mittal, S., & Saxena, S. (2016). Um estudo de técnicas para otimizar a
aprendizagem profunda

em GPUs. Jornal de Arquitetura de Sistemas, 80, 88-103.
https://doi.org/10.1016/_j.sysarc.2017.10.004

[12] Misra, S., Agarwal, P., & Agrawal, D. P. (Eds.). (2016). Segurança e
privacidade na Internet das Coisas (IoTs): Models, algorithms, and
implementations. Springer.

[13] Morabito, R., Cozzolino, V., Ding, A. Y., Beijar, N., & Qtt, J. (2018).
Consolidar a IoT

computação de ponta com virtualização leve. IEEE Network, 32(1), 102-111.
https://doi.org/10.1109/MNET.2018.1700272

[14] Perera, C., Zaslavsky, A., Christen, P., & Georgakopoulos, D. (2014).
Computação consciente do contexto para a Internet das Coisas: A survey. IEEE
Communications Surveys & Tutorials, 16(1), 414-454.
https://doi.org/10.1109/SURV.2013.042313.00197

[15] Zanella, A., Bui, N., Castellani, A., Vangelista, L., & Zorzi, M. (2014). Internet
de

Coisas para cidades inteligentes. IEEE Internet of Things Journal, 1(1), 22-32.
https://doi.org/10.1109/JIQT.2014.2306328